国家林业和草原局职业教育"十三五"规划教材

家具制图与CAD

郭叶莹子　张悦　陈慧敏　主编

JIAJU ZHITU YU CAD

中国林业出版社
China Forestry Publishing House

图书在版编目（CIP）数据

家具制图与CAD / 郭叶莹子，张悦，陈慧敏主编. —北京：中国林业出版社，2021.6
国家林业和草原局职业教育"十三五"规划教材
ISBN 978-7-5219-1220-3

Ⅰ.①家… Ⅱ.①郭… ②张… ③陈… Ⅲ.①家具—制图—AutoCAD软件—高等职业教育—教材 Ⅳ.①TS664-39

中国版本图书馆CIP数据核字(2021)第117845号

中国林业出版社·教育分社

| 策划编辑： | 杜 娟 田夏青 | 责任编辑： | 田 苗 赵旖旎 |
| 电 话： | 83143529 83143557 | 传 真： | 83143516 |

出版发行	中国林业出版社（100009 北京市西城区刘海胡同7号）
	E-mail: jiaocaipublic@163.com
	http://www.forestry.gov.cn/lycb.html
印 刷	河北京平诚乾印刷有限公司
版 次	2021年6月第1版
印 次	2021年6月第1次印刷
开 本	787mm×1092mm 1/16
印 张	11.5
字 数	260千字
定 价	48.00元

数字资源

未经许可，不得以任何方式复制或抄袭本书之部分或全部内容。

版权所有 侵权必究

编写人员

主　　编：郭叶莹子　张　悦　陈慧敏

编写人员：（按姓氏拼音排序）

陈慧敏	江苏农林职业技术学院
傅泽勋	亚振家居股份有限公司
郭国生	江苏澳美森家具有限公司
郭叶莹子	江苏农林职业技术学院
焦中华	南京工业职业技术大学
李　天	江苏城市职业学院
王颖睿	南京铁道职业技术学院
易熙琼	东莞职业技术学院
翟　艳	山西林业职业技术学院
张　琪	江苏农林职业技术学院
张　悦	江苏农林职业技术学院

前言

家具制图理论是家具设计与制造及相关专业人员必备的基础知识，AutoCAD 软件在现代家具设计、室内设计、建筑设计、机械设计等领域应用广泛。因此家具制图与 AutoCAD 是家具设计与制造及相关专业必不可少的的基础课程。

目前，有关家具制图和利用 AutoCAD 软件进行设计制图的教材有很多，但几乎都是将家具制图和 AutoCAD 分开编写，有些以家具制图的基础知识为主，强调制图理论，有些以 AutoCAD 软件的操作为主，强调命令的使用方法和技巧。本教材将家具制图与 AuotCAD 相结合，一方面解决了传统家具制图课程主要教授制图基础知识，以学生手工绘图练习为主，无法满足工作实践需求的问题；另一方面解决了目前的 AutoCAD 课程，通常只介绍软件的使用，而忽略制图的相关原理，因而存在部分学生不能准确表达图样的问题。

本教材分为两大模块：一是家具制图基础模块，包括制图基础知识、投影基础的认知、立体的投影、轴侧投影、家具图样图形表达方式五个项目。主要培养学生扎实绘图知识技能，提高空间思维能力，熟悉家具制图标准。二是 AutoCAD 制图基础与实操模块，包括 AutoCAD 基础与平面绘图、编辑二维图形、注释工具与正等测图绘制、AutoCAD 家具制图实例四个项目。主要在熟悉家具制图相关原理的基础上，培养学生实践操作能力，提高其绘图速度和软件制图规范性，并通过绘制家具企业实例，熟悉家具设计与工艺图纸。

本教材以"实用""够用"为原则，以培养学生职业能力为本源，采用项目化任务驱动式的教学机制，将项目拆解为任务，学生以了解任务目标—学习基础知识—实践技能训练的递进方式进行学习。全书内容理论联系实际，图文并茂，易于理解，可作为家具设计与制造专业、环境艺术设计、建筑室内设计等相关专业的教材或教学参考，也可以供从事相关工作的人员作为参考用书使用。

本教材由郭叶莹子、张悦、陈慧敏任主编，具体编写分工如下：张悦编写项目一、五、六；郭叶莹子编写项目二、三、四、七；张琪、翟艳编写项目八任务一；焦中华、易熙琼编写项目八任务二；王颖睿、李天编写项目八任务三，项目九任务三；郭国生编写项目九任务一；傅泽勋编写项目九任务二。全书由陈慧敏统稿。在此对所有支持本教材编写工作，提供素材的单位和个人表示谢意。

本教材编写过程中也参考了有关文献资料，谨在此向其作者致以衷心的感谢。

由于编者自身水平有限，疏漏和不足之处，恳请读者批评和指正。另外，本教材的同步课程资源也在不断更新中，敬请关注。

编　者
2021 年 5 月

目录

前言

模块一　家具制图基础 ································ **001**

项目一　制图基础知识 ································ 002
　　任务一　正确使用手工制图工具 ···················· 002
　　任务二　学习制图的标准规定 ······················ 006
　　任务三　绘制常见几何图形 ························ 015

项目二　投影基础的认知 ···························· 020
　　任务一　学习投影的基本原理 ······················ 020
　　任务二　绘制点、线、面的投影 ···················· 024

项目三　立体的投影 ································ 032
　　任务一　绘制基本体的投影 ························ 032
　　任务二　绘制组合体的投影 ························ 036
　　任务三　绘制立体表面的交线 ······················ 042

项目四　轴测投影 ·································· 049
　　任务一　学习轴测投影的基本原理 ·················· 049
　　任务二　绘制正等测图 ···························· 051
　　任务三　绘制正面斜二测图 ························ 055

项目五　家具图样图形表达方法 ······················ 058
　　任务一　绘制常见视图 ···························· 058
　　任务二　绘制剖视图和剖面图 ······················ 062
　　任务三　绘制局部详图 ···························· 070
　　任务四　学习家具常用连接的规定画法 ·············· 071

模块二　AutoCAD 制图基础与实操 ············· **079**

项目六　AutoCAD 基础与平面绘图 ··················· 080
　　任务一　学习 AutoCAD 的基础操作 ················· 080
　　任务二　学习绘图基本设置与图纸输出 ·············· 086

  任务三 绘制二维图形…………………………………………………097

项目七 编辑二维图形 …………………………………………………112
  任务一 学习复制类编辑命令…………………………………………113
  任务二 学习改变位置类编辑命令……………………………………118
  任务三 学习修改类编辑命令…………………………………………122

项目八 注释工具与正等测图绘制 …………………………………129
  任务一 学习文字与表格工具…………………………………………129
  任务二 学习尺寸标注…………………………………………………134
  任务三 绘制及标注正等轴测图………………………………………145

项目九 AutoCAD 家具制图实例 ……………………………………150
  任务一 绘制酒柜三视图………………………………………………150
  任务二 绘制酒柜零部件图……………………………………………157
  任务三 绘制酒柜轴测图………………………………………………172

参考文献 ……………………………………………………………………177

模块一

家具制图基础

项目一　制图基础知识
项目二　投影基础的认知
项目三　立体的投影
项目四　轴测投影
项目五　家具图样图形表达方法

项目一 制图基础知识

家具制图是家具产品设计与实施的重要技术手段。对于初学者,在学习绘制家具设计图纸前,应首先掌握制图的基础内容。只有熟练地使用制图工具,明确国家相应的制图标准,才能够规范、准确地完成图形的绘制工作。

任务一 正确使用手工制图工具

【任务目标】
1. 了解常用手工制图工具。
2. 掌握手工制图工具的使用方法。

【知识链接】
手工制图需要各种各样的工具,正确使用制图工具是保证图样质量和提高制图速度的重要前提。下面介绍常用的制图工具和仪器的使用方法。

一、常用制图工具

1. 铅笔

铅笔根据笔芯软硬度分为硬、中、软三种。一般用 H(Hard)和 B(Black)标明。H 表示硬度,前面数字越大,铅芯越硬,颜色越浅;B 表示黑度,前面数字越大,铅芯越软,颜色越黑。HB 表示铅芯软硬适中。制图常用铅笔型号为 H、HB、B、2B。H 或 HB 常用于打底稿、写字、画细实线和虚线等;B 或 2B 常用于画粗实线及加深图线。

铅笔笔芯的削法如图 1-1 所示。根据不用制图需要,可将笔芯用美工刀削或在砂纸上磨成锥形或楔形。锥形笔尖用于打底稿和写字,楔形笔尖用于加深图线。使用铅笔制图时,握笔要自然,用力要均匀。

2. 图板

图板是制图时的垫板,用来固定图纸。制图用的图板通常用木板制成,要求其表面光滑、平整、有弹性。图板的大小有 0 号(900mm×1200mm)、1 号(600mm×900mm)、2 号(450mm×600mm)等不同规格,一般家具制图选择 2 号图板即可。绘图时必须用胶带将图纸固定在图板上。如图 1-2 所示,图板由四个边构成,其中两个短边为工作边,必须保持平整,边角应垂直。图板使用完毕,以竖放保管为宜,切忌工作边朝地,以免受潮变形。

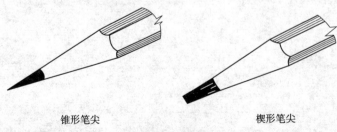

锥形笔尖　　　　　楔形笔尖

图 1-1 铅笔削法

3. 丁字尺

丁字尺是绘制水平线和配合三角板制图的工具。形状像"丁"字一样，由尺头和尺身两部分组成。使用时应使尺头紧靠图板左边缘。左手按住尺身，右手从左向右画线，如图1-3A所示。如需画多条水平线，则由上而下逐条画出。需要注意：丁字尺尺头不能在其他各边滑动，不能用来画垂直线，也不能在丁字尺尺身下边缘画水平线。丁字尺尺身尾部一般有圆孔，方便竖直挂放，以避免尺身弯曲变形或折断。

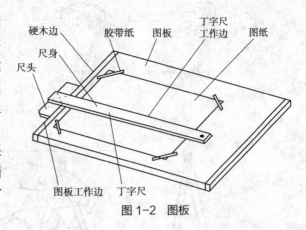

图1-2 图板

4. 三角尺

三角尺有45°等腰直角三角尺和30°、60°直角三角尺两种规格。三角板可以直接用来绘制直线，与丁字尺配合使用时，可以画出垂直线，如图1-3B所示。还可以画出与水平线成15°、30°、45°、60°、75°等的倾斜线，如图1-4所示。三角尺使用时一定要与丁字尺紧密配合，以保证垂直线和倾斜线角度的准确性。

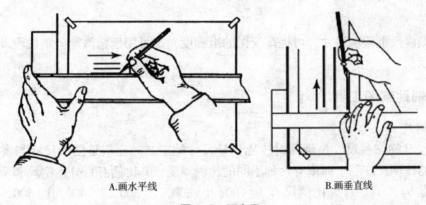

A.画水平线　　　　　　　　　B.画垂直线

图1-3 丁字尺

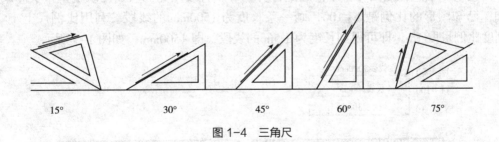

15°　　　30°　　　45°　　　60°　　　75°

图1-4 三角尺

5. 圆规和分规

圆规用于画圆及圆弧。针尖要稍长于铅笔尖，铅笔尖磨成75°斜形。画圆时应顺时针方向旋转圆规，并稍向画线方向倾斜。在画较大圆或圆弧时，注意圆规的针尖和铅芯都应垂直于纸面，如图1-5所示。分规的形状与圆规相似，只是两腿均装有尖锥形钢针。使

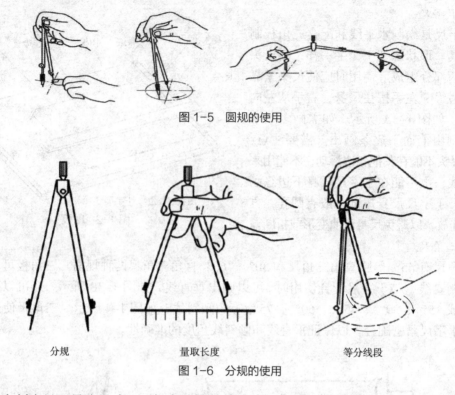

图 1-5 圆规的使用

图 1-6 分规的使用

用分规在刻度尺上量取尺寸，可提高绘图的准确度，也可用于精确地分割线段及圆弧，如图 1-6 所示。

二、辅助制图工具

1. 比例尺

比例尺又称三棱尺，是画图时按比例量尺寸的工具。比例是图形尺寸与实际尺寸的比。常用的比例尺在三个面刻有六种不同的比例刻度。其比例有百分比例尺和千分比例尺两种，单位为"m"。百分比例尺有 1∶100，1∶200，1∶300，1∶400，1∶500，1∶600 六个比例尺刻度；千分比例尺有 1∶1000，1∶1250，1∶1500，1∶2000，1∶2500，1∶5000 六个比例尺刻度。在绘图时，不需通过计算，可以直接用比例尺在图纸上量得实际尺寸。例如，已知图形的比例是 1∶100，画一条长度为 1500mm 的线段。利用比例尺上 1∶100 的刻度比例量取 1.5，即可得到长度为 1.5m 的线段，即 1500mm，如图 1-7 所示。

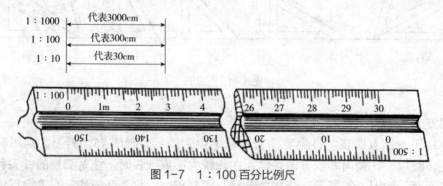

图 1-7　1∶100 百分比例尺

2. 曲线板

曲线板是用于画非圆曲线的工具。使用曲线板时，由于曲线板尺寸各异，且曲线板边缘所具有的形状有限，往往不能一次将曲线全部画成，需要分段连接，每段至少应有3个以上的点与曲线板吻合，如图1-8所示。

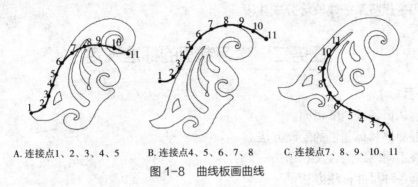

A. 连接点1、2、3、4、5　　B. 连接点4、5、6、7、8　　C. 连接点7、8、9、10、11

图1-8　曲线板画曲线

3. 制图模板

制图模板主要用于画各种标准图例和常用符号。模板上刻有用以画出各种不同图例或符号的孔，其大小符合一定的比例，只要用笔在孔内画一周即可完成。使用制图模板，可提高制图的速度和质量，如图1-9所示。

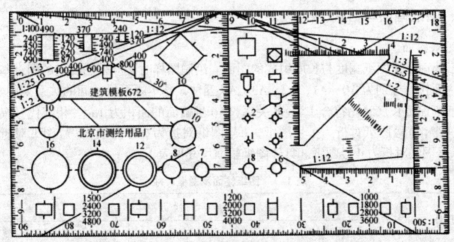

图1-9　制图模板

三、其他制图用品

砂纸：用于修磨铅笔芯，如图1-10所示。

擦图片：用于修改图线时遮盖不需擦掉的图线，如图1-11所示。

橡皮：应选用白色软橡皮。

胶带纸：用于固定图纸。

美工刀：用于削铅笔。

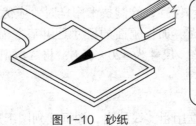

图1-10　砂纸

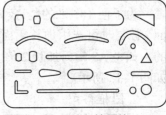

图1-11　擦图片

【巩固练习】

1. 使用丁字尺和三角尺在图纸上绘制水平线、垂直线，与水平线呈 15°、30°、45°、60°、75° 的倾斜线。
2. 使用圆规绘制半径为 5mm、15mm、50mm 的圆。
3. 使用分规将某一线段等分成 4 段。

任务二　学习制图的标准规定

【任务目标】

1. 正确认识各种图纸幅面。
2. 掌握图框和标题栏的绘制方法。
3. 掌握不同图线的含义和用法。
4. 掌握各种尺寸标注方法。

【知识链接】

图样是工程界指导生产和进行技术交流的语言。为了统一图样的画法，提高生产效率，国家标准对图样的内容、格式等都作了统一的规定。家具制图有关标准依据《家具制图》(QB/T 1338—2012) 规定。

一、图纸幅面与格式

1. 图纸幅面

图纸幅面是指图纸宽度与长度组成的图面。绘制图样时，应采用规定的图纸基本幅面尺寸。幅面代号分别为 A0、A1、A2、A3、A4 五种，基本幅面尺寸间的关系如图 1-12 所示。图纸幅面边长尺寸比符合 $1:\sqrt{2}$ 的关系，A0 号幅面的面积为 $1m^2$。相邻代号幅面其面积相差一半，0 号图纸对折为 1 号图纸，1 号图纸对折为 2 号图纸，2 号图纸对折为 3 号图纸，3 号图纸对折为 4 号图纸。具体图纸幅面尺寸见表 1-1。

表 1-1　图纸幅面及图框尺寸　　　　　　　　　　　　　　　　　　mm

幅面代号	尺寸代号				
	A0	A1	A2	A3	A4
$B \times L$	841×1189	594×841	420×594	297×420	210×297
a	25				
c	10			5	
e	20		10		

为了便于图纸的装订和保存，绘制技术图样时，应优先采用图 1-12 所规定的基本幅面，必要时可选用加长幅面。加长幅面的尺寸是由基本幅面的短边成整数倍增加后得出的。如将 A3 幅面加长 2 倍，尺寸为 420×891；将 A4 幅面加长 2 倍，尺寸为 297×630，如图 1-13 所示。

2. 图框格式

图纸以图框为界。图框用粗实线画出，图框线到图纸边缘的距离见表 1-1。图框的形

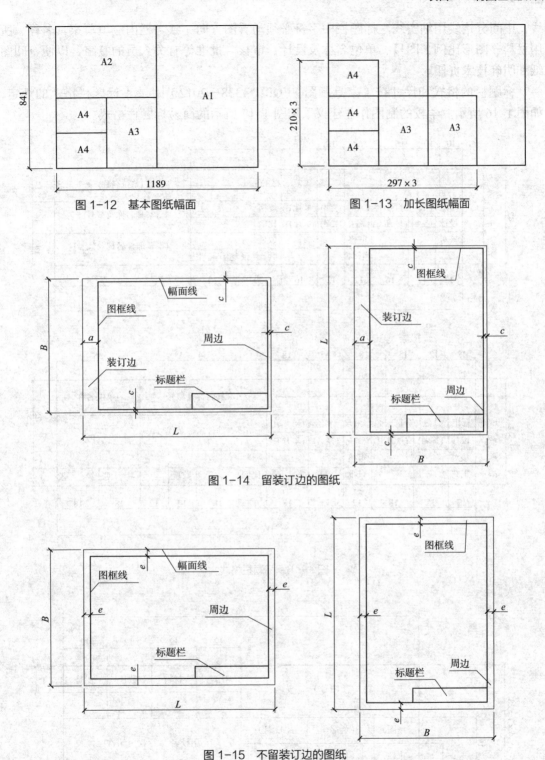

图 1-12 基本图纸幅面

图 1-13 加长图纸幅面

图 1-14 留装订边的图纸

图 1-15 不留装订边的图纸

式有两种：留装订边和不留装订边。但同一产品图样只能采用一种格式。留装订边的图纸，其图框格式如图 1-14 所示；不留装订边的图纸，其图框格式如图 1-15 所示。

3. 标题栏

每张图纸上都必须画出标题栏，标题栏的位置应在图框右下角。标题栏外框用粗实线，中间分格线用细实线。标题栏中字符必须与看图方向一致。栏内应填写家具名称、所用材料、图形比例、图号、单位名称及设计、审核、批准等有关人员的签字，以便查阅图纸和明确技术责任。

标题栏的格式和尺寸按《家具制图》（QB/T 1338—2012）附录 A 标题栏格式的规定，如图 1-16 所示。学校的制图作业建议采用图 1-17 所示的简易标题栏格式。

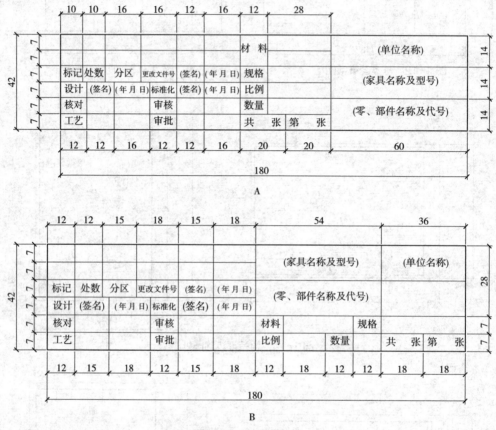

图 1-16　标题栏格式

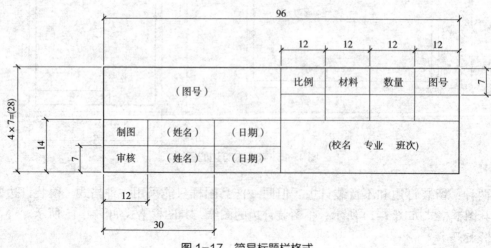

图 1-17　简易标题栏格式

二、图线、比例与字体

1. 图线

绘制家具图样时，经常根据不同内容采用各种不同线型的图线，使家具图样的内容能够主次分明、构图美观且清晰易懂。每个图样，应根据复杂程度与比例大小，先确定实线 b 的线宽，再确定其他线型宽度。家具图样的图线参照表 1-2 绘制。

表 1-2 图　线

名称	线型	线宽	一般用途
实线	——————	$b(0.3～1mm)$	基本视图中可见轮廓线等
粗实线	——————	$1.5b～2b$	图框线及标题栏外框线等
细实线	——————	$b/3$	尺寸线、尺寸界线、剖面线、引出线等
折断线	—⋀—⋀—	$b/3$ 或更细	不需要画全的断开界限等
虚线	— — — —	$b/3$ 或更细	不可见轮廓线等
点划线	— · — · —	$b/3$ 或更细	轴线、中心对称线等
双点划线	— ·· — ·· —	$b/3$ 或更细	假想投影轮廓线、极限位置的轮廓线等
波浪线	∼∼∼∼	$b/3$ 或更细（徒手绘制）	断裂处边界线

表 1-3 图线交接的画法

	正　确	不正确
两直线相交		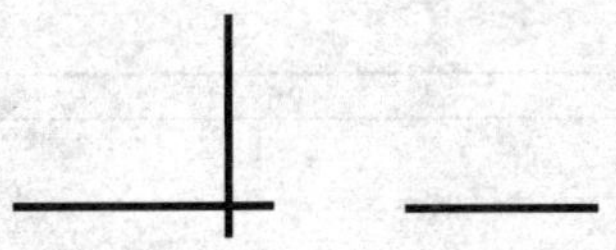
两虚线相交		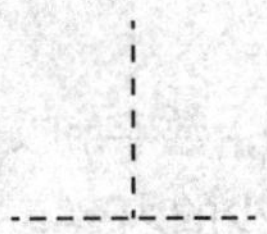
虚线与实线相交		
中心线相交	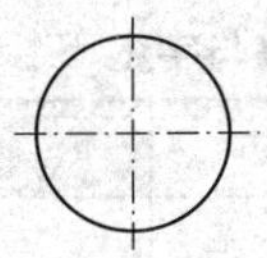	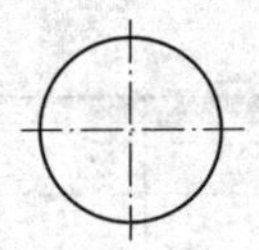
虚线圆与中心线相交	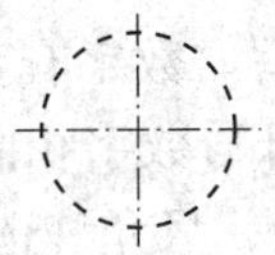	

绘制图线时应注意下列事项：
（1）在同一张图纸内，同一种图线的宽度（粗细）应基本一致。
（2）虚线、点划线及双点划线的线段长度和间隔，应各自相等。
（3）点划线和双点划线的首末两端是线段，而不是点。点划线和双点划线中的点是小短线，而不是圆点。
（4）单点划线或双点划线，当在较小图形中绘制有困难时可用实线代替。
（5）绘制图的中心线时，相交处应为线段的交点。
（6）当虚线与虚线（或其他图线）相交时，必须是线段相交；当虚线成为粗实线的延长线时，则虚线在连接处应当留有空隙。

2. 比例

图样中图形与其他实物相应要素的线性尺寸之比称为比例。即比例 = 图形大小:实物大小。需要按比例绘制图样时，应优先考虑在表 1-4 规定的系列中选取适当的比例。比例一般应标注在标题栏的比例栏内。要注意，无论采用放大或缩小的比例，图样上所注的尺寸必须是实际尺寸，如图 1-18 所示。

表 1-4 比 例

种类	比 例
原值比例	1:1
放大比例	2:1 5:1 $2×10^n:1$ $5×10^n:1$ $1×10^n:1$
缩小比例	1:2 1:5 $1:2×10^n$ $1:5×10^n$ $1:1×10^n$

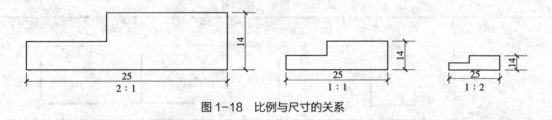

图 1-18 比例与尺寸的关系

3. 字体

在图样中，数字和文字是用于表示尺寸、名称和说明设计要求的。除了图形外，文字是图纸上必不可少的内容。书写字体时必须做到：字体工整、笔画清楚、间隔均匀、排列整齐。

汉字应采用国家公布推行的简化字，并写成长仿宋体，字高与字宽之比为 3:2，并一律采用从左到右，横向书写，字体高度不得小于 3.5mm（表 1-5）。写仿宋体必须打格书写，应注意控制字距和行距，一般行间距是字间距的 4~5 倍（图 1-19）。

表 1-5 各字号的字高与字宽   mm

字号	5 号	7 号	10 号	14 号
字高 × 字宽	5×3.5	7×5	10×7	14×10

图纸中表示尺寸的数字均采用阿拉伯数字书写。数字有直体和斜体两种。常用的是斜体，倾斜角度与水平线成 75°（图 1-20）。字母与数字相同，有直体和斜体两种，不同的是字母有大小写之分（图 1-21）。同一图样上，只允许选用一种型式的字体。

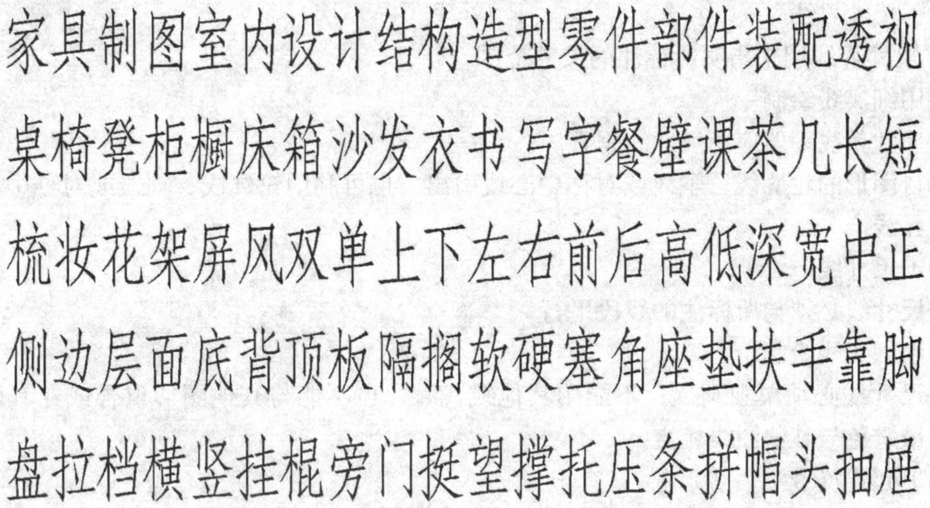
家具制图室内设计结构造型零件部件装配透视
桌椅凳柜橱床箱沙发衣书写字餐壁课茶几长短
梳妆花架屏风双单上下左右前后高低深宽中正
侧边层面底背顶板隔搁软硬塞角座垫扶手靠脚
盘拉档横竖挂棍旁门挺望撑托压条拼帽头抽屉

图 1-19　长仿宋体字

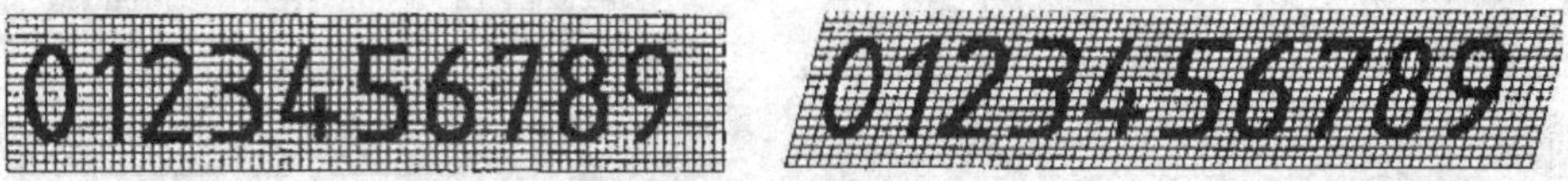
0123456789
0123456789

图 1-20　数字的写法

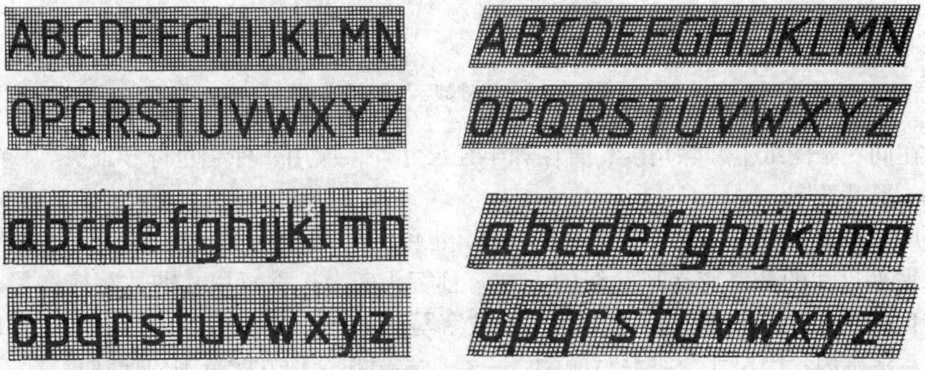
ABCDEFGHIJKLMN
OPQRSTUVWXYZ
abcdefghijklmn
opqrstuvwxyz
ABCDEFGHIJKLMN
OPQRSTUVWXYZ
abcdefghijklmn
opqrstuvwxyz

图 1-21　字母的写法

三、尺寸标注

图形只能反映物体的结构形状，物体的真实大小要靠所标注的尺寸来体现。因此，尺寸是工程图样不可缺少的重要部分。

家具图样上的尺寸一律以毫米为长度单位，图上不必注出“毫米”或“mm”。

1. 尺寸标注组成

图样上所注的每一个尺寸，一般由以下 4 个部分组成：尺寸界线、尺寸线、起止符号、尺寸数字（图 1-22）。

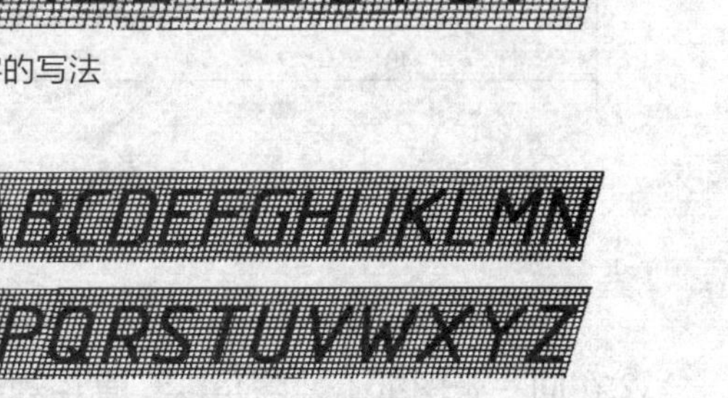
尺寸界线
尺寸数字
40
起止符号
尺寸线

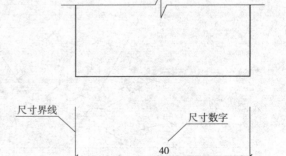

图 1-22　尺寸标注的四要素

（1）尺寸界线

①尺寸界线用来指明所标注的尺寸范围。

②用细实线绘制。

③尺寸界线一般应与尺寸线垂直。

④自图形的轮廓线、轴线或对称中心线引出，也可利用轮廓线、轴线或对称中心线作为尺寸界线。

（2）尺寸线

①尺寸线必须与所标注的线段平行。

②用细实线绘制。

③尺寸线必须单独画出，不能用其他线代替，也不能与其他图形重合或在其延长线上，尽量避免与其他图线相交。

（3）起止符号

①尺寸线上的起止符号，采用与尺寸界线顺时针方向转45°的短线（2~3mm）表示，也可采用小圆点（图1-23）。

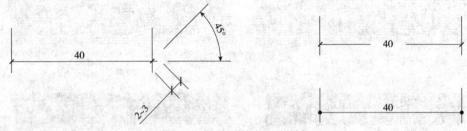

图1-23 尺寸数字注写格式

②在同一张图纸上，除角度、直径和半径尺寸外，应用一种起止符号画法。

（4）尺寸数字

①尺寸数字一般注写在尺寸线中部上方，也可将尺寸线断开，中间注写尺寸数字。

②水平尺寸的数字应在尺寸线的上方，且字头向上；垂直尺寸的数字应在尺寸线的左侧，且字头向左；其他倾斜方向的尺寸数字写法如图1-24A所示。其中垂直方向偏左30°左右范围内，因尺寸数字易写颠倒，一般应避免在这种方向范围内标注尺寸，不可避免时可按水平方向书写，如图1-24B所示。

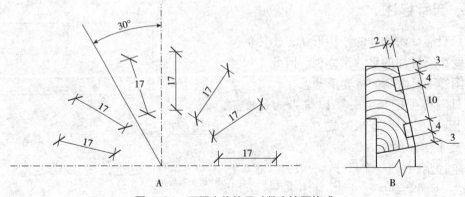

图1-24 不同方位的尺寸数字注写格式

③如果没有足够的注写位置,最外边的尺寸数字可注写在尺寸界限的外侧,中间相邻的尺寸数字可错开注写,也可引出标注,如图 1-25 所示。

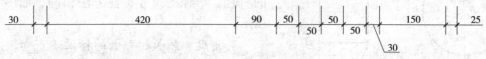

图 1-25　小尺寸的注写格式

④相互平行的尺寸线应从被注写的图样轮廓线由近向远,小尺寸在内,大尺寸靠外整齐排列,如图 1-26 所示。

2. 直径、半径、球的标注

圆和大于半径的圆弧均标注直径,直径以符号"ϕ"表示。圆内标注的尺寸线应通过圆心,两端画箭头指向圆弧(图 1-27)。

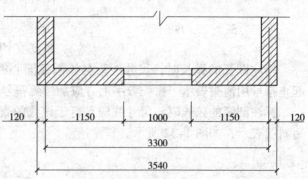

图 1-26　大尺寸和小尺寸的标注方法

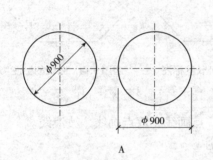
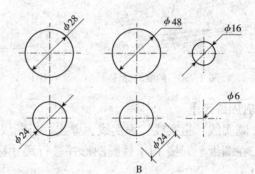

图 1-27　圆直径的标注

半圆弧或小于半圆的圆弧均标注半径,半径以符号"R"表示。尺寸线方向应通过圆心,长度可长可短,另一端画箭头指向圆弧(图 1-28)。

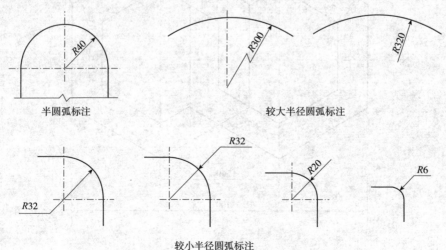

图 1-28　半圆及小于半圆半径的标注

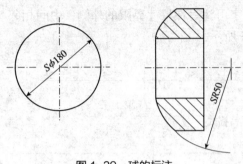

标注球的直径或半径时,应分别在尺寸数字前加注符号"$S\phi$""SR",注写方法与圆和圆弧的直径、半径的尺寸标注方法相同,如图1-29所示。

图1-29 球的标注

3. 角度、弧长、弦长的标注

角度的尺寸线应以圆弧表示。此时圆弧的圆心应是角的顶点,角的两条边为尺寸界线。起止符号用箭头,若没有足够位置画箭头,可用圆点代替。角度数字应按水平方向注写,如图1-30所示。

标注圆弧的弧长时,尺寸线为与该圆弧同心的圆弧线,尺寸界线垂直于该圆弧的弦,起止符号用箭头表示。弧长数字上方应加圆弧符号"⌒",如图1-31所示。

标注圆弧的弦长时,尺寸线应平行于该弦的直线,尺寸界线垂直于该弦,起止符号用短斜线表示,如图1-32所示。

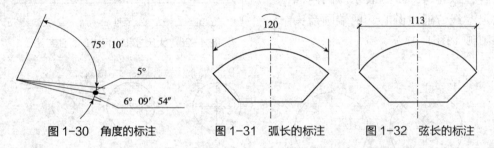

图1-30 角度的标注　　图1-31 弧长的标注　　图1-32 弦长的标注

【巩固练习】

1. 画实线、粗实线、细实线、虚线、折断线、点画线、双点画线、波浪线。
2. 在图纸上,按1∶1抄画图形并进行尺寸标注。

(1)

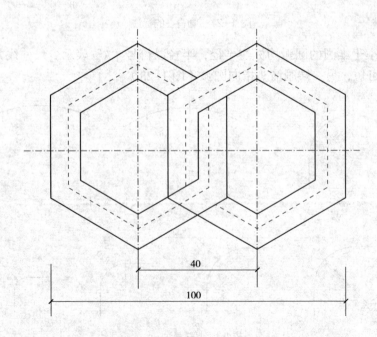

（2）

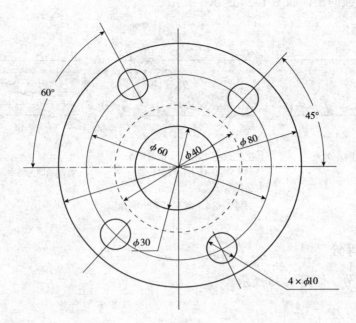

任务三　绘制常见几何图形

【任务目标】
1. 了解常见几何作图方法。
2. 掌握正多边形的绘制方法。
3. 掌握近似椭圆的绘制方法。
4. 掌握圆弧连接的绘制方法。

【知识链接】
家具以及组成家具的各个部分在图上一般是由各种几何图形构成的，下面介绍一些制图时常用的作图方法和部分几何图形的画法。

一、直线分段

1. 任意等分一线段，如图1-33所示。

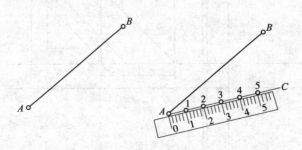
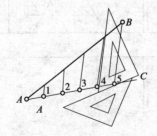

A.已知直线段AB　　B.过点A作任意直线AC，用直尺在AC上从点A起截取任意长度的五等分，得1、2、3、4、5点　　C.连接B5，然后过其他点分别作直线平行于B5，交AB于四个等分点，即为所求

图1-33　等分直线段

2. 等分平行线间距，如图 1-34 所示。

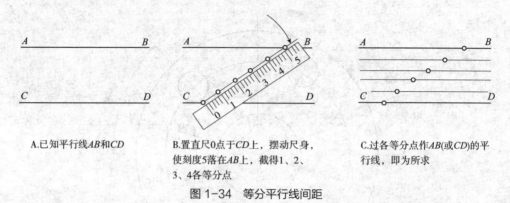

图 1-34　等分平行线间距

二、角度等分

角度的二等分，如图 1-35 所示。

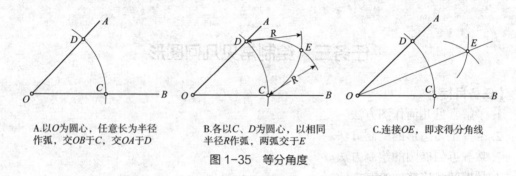

图 1-35　等分角度

三、正多边形画法

1. 等边三角形和正方形，如图 1-36 所示。

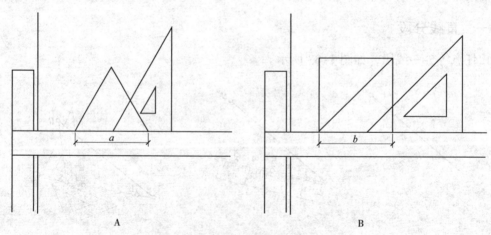

图 1-36　等边三角形和正方形画法

2. 正六方形，如图 1-37 所示。

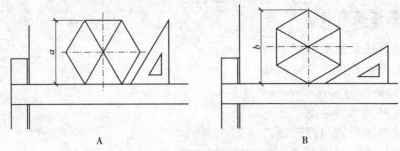

图 1-37 正六边形画法

3. 正八边形，如图 1-38 所示。
4. 作圆的内接任意正多边形。

以作一圆的内接正五边形为例，以预定边数在垂直中心线上等分直径，得 0、1、2、3、4、5 各点，以两端点 0 和 5 分别为圆心，以该圆的直径为半径画圆弧，两圆弧相交于 T 点，连 T 和 2、4 点（奇数点也可），并延长与圆弧相交，即得两个等分点，其余即可作出，如图 1-39 所示。

这个作图方法是近似法，其中以作正五边形、正七边形误差最小，边数大于 13 误差较大。对于一般常用的等分法，此方法易记，且已足够精确。

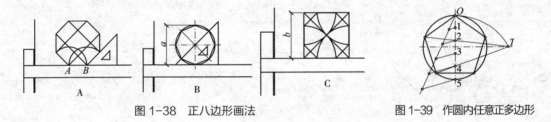

图 1-38 正八边形画法　　　　　　　图 1-39 作圆内任意正多边形

四、椭圆画法

已知椭圆长轴 AB、短轴 CD、中心点 O，用四心圆法画近似椭圆。步骤如图 1-40 所示。

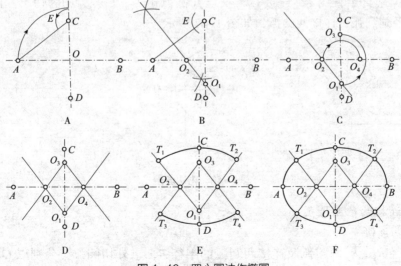

图 1-40 四心圆法作椭圆

五、圆弧连接画法

圆弧连接画法是指用圆规画圆弧光滑地连接两个线段，这在产品图样中经常遇到。

1. 圆弧连接两已知直线

作两条辅助线分别与两已知直线平行且相距为 R，交点 O 即为连接圆弧的圆心。由点 O 分别向两已知直线作垂线，垂足即切点。以点 O 为圆心，R 为半径画连接圆弧，如图 1-41 所示。

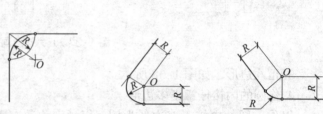

图 1-41　用圆弧连接两直线

2. 圆弧连接已知直线和圆弧

（1）外切连接

作直线 M 平行于 T 且相距为 R，以 O_1 为圆心，$R+R_1$ 为半径作圆弧，与直线 M 相交于 O。作 OL_1 垂直于直线 T，连接 OO_1 交已知圆弧于 L_2，L_1、L_2 即为切点。以点 O 为圆心，R 为半径画圆弧，连接两圆弧，如图 1-42 所示。

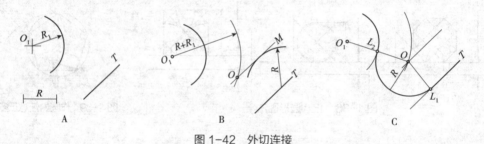

图 1-42　外切连接

（2）内切连接

作直线 M 平行于 T 且相距为 R，以 O_1 为圆心，$R-R_1$ 为半径作圆弧，与直线 M 相交于 O。作 OL_1 垂直于直线 T，连接 OO_1 交已知圆弧于 L_2，L_1、L_2 即为切点。以点 O 为圆心，R 为半径画圆弧，连接两圆弧，如图 1-43 所示。

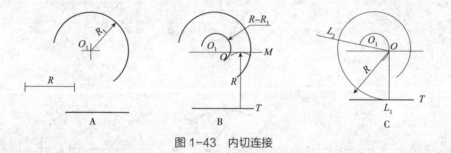

图 1-43　内切连接

3. 圆弧连接两已知圆弧

（1）外切连接

已知半径 R_1、R_2 两圆弧及连接两圆弧的半径 R，求外切圆弧。分别以 O_1O_2 为圆心，以 $R+R_1$、$R+R_2$ 为半径作圆弧，相交于 O 点。然后分别连接 OO_1、OO_2，并与已知圆

弧相交于 L_1、L_2 两点。L_1、L_2 即为切点。以点 O 为圆心，R 为半径画圆弧，连接两圆弧，如图 1-44 所示。

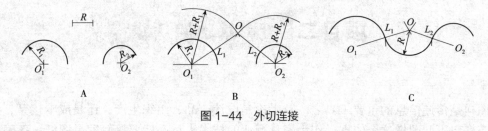

图 1-44　外切连接

（2）内切连接

已知半径 R_1、R_2 两圆弧及连接两圆弧的半径 R，求内切圆弧。分别以 O_1O_2 为圆心，以 $R-R_1$、$R-R_2$ 为半径作圆弧，相交于 O 点。然后分别连接 OO_1、OO_2，并延长与已知圆弧相交于 L_1L_2 两点。L_1、L_2 即为切点。以点 O 为圆心，R 为半径圆弧连接两圆弧，如图 1-45 所示。

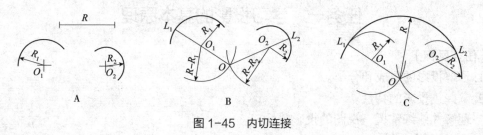

图 1-45　内切连接

【巩固练习】

在图纸上，按图上要求的不同比例抄绘下列图形，并标注尺寸。

（1）

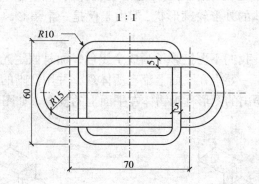

（2）

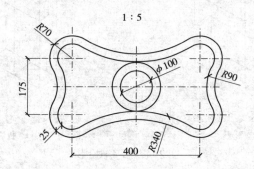

项目二 投影基础的认知

图样是传递信息的重要工具之一，无论是设计产品、组织生产，还是成本核算、产品检验等都离不开图样这个依据。作为家具行业的技术人员必然要接触家具图纸，正确领会图样表达的内容，因此要学习有关图样的原理和知识。

投影知识是绘制家具图样的基础，家具三视图与轴侧图的绘制离不开投影的基本原理，本项目学习投影的基本原理，学会绘制点、线、面的投影。

任务一 学习投影的基本原理

【任务目标】
1. 了解投影的形成和分类。
2. 掌握正投影的特性。
3. 理解并熟练掌握三视图的投影关系。

【知识链接】

一、投影的形成

在日常生活中，人们看到太阳光或灯光照射物体时，在地面或墙壁上出现物体的影子，通过影子能看出物体的外形轮廓形状，但由于仅是一个黑影，它不能清楚表现物体的完整形象。

为了改善这种情况，我们不再把影子画成全黑色，而是假定光线能够穿透物体，并使构成物体的点、线、面每一要素在平面上都有所体现，并用清晰的图线表示，形成一个由图线组成的图形，这样绘出的图形称为物体在平面上的投影，如图2-1所示。

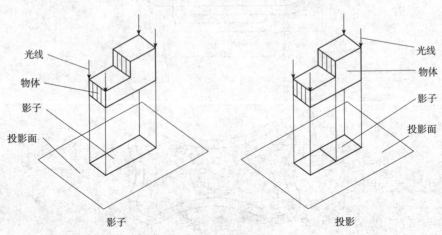

图2-1 影子与投影

二、投影法的分类

将光线通过物体向选定的平面投影，并在该平面上得到物体影子的方法称为投影法。常用的投影方法有中心投影法和平行投影法。

1. 中心投影法

如图2-2所示，将三角板放置在点光源S（又称投影中心）和投影面H之间，则在投影面上形成投影，这样由一点（投影中心）射出的投影称为中心投影法。

在中心投影法中，如果物体相对于投影面H，投影中心S的距离发生变化，就会引起投影大小的变化，因此可度量性差。中心投影法直观性好、立体感强，常用于绘制家具或建筑物的透视图。

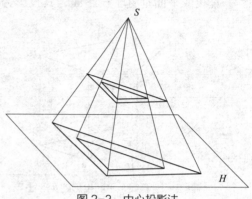

图2-2 中心投影法

2. 平行投影法

当投影中心移至距投影面无限远时，投影线互相平行，这种投影的方法称为平行投影法，如图2-3所示。在平行投影法中，物体相对投影面的距离发生变化，不用引起投影大小的变化，具有度量性，这是平行投影法的重要特点。

根据投影线和投影面的关系，平行投影法又分为斜投影法和正投影法（又称为垂直投影法），如图2-4所示。

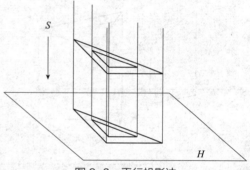

图2-3 平行投影法

①斜投影法 投影线与投影面倾斜的平行投影法，如图2-4A所示。
②正投影法 投影线与投影面垂直的平行投影法，如图2-4B所示。

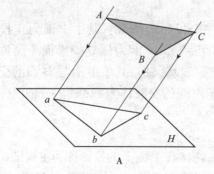

图2-4 平行投影法分类

三、正投影的特性

平行投影法中的正投影法，在投影图上能够准确表达空间物体的形状和大小，而且作图简便，度量性好，应用非常广泛，因此掌握它的一些特性十分必要。正投影具有实形性、积聚性和相似性三个基本性质：

（1）实形性

直线或平面平行于投影面，其投影反映的是这条直线的实长或这个平面的实形，如图 2-5 所示。

（2）积聚性

直线或平面垂直于投影面，其投影为一个点或一条直线，如图 2-6 所示。

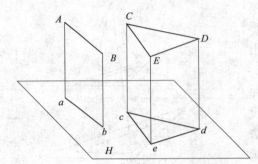

图 2-5　直线、平面投影的实形性

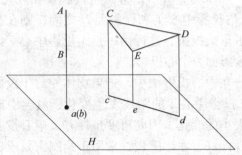

图 2-6　直线、平面投影的积聚性

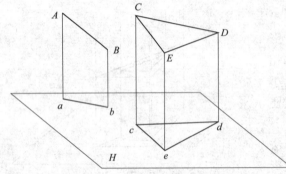

图 2-7　直线、平面投影的相似性

（3）相似性

直线或平面倾斜于投影面，其投影既不反映实形又不产生积聚，而是一个与原来图形相近似的图形，如图 2-7 所示。

四、三视图的形成及其投影规律

1. 三投影面体系的建立

一个物体的正投影反映的是该物体的正面形状，而该物体顶面、侧面等形状均未表达出来，而复杂图形用两个投影图来表达形体的形状也是不够的，为了准确、完整、清晰地表达物体的形状和大小，一般采用多面视图表现。因此，我们需要建立三投影面体系。

如图 2-8 所示，三投影面体系由 V、H、W 三个投影面构成，其中 V 面为正投影面（简称"正面"），H 面为水平投影面（简称"水平面"），W 面为侧立投影面（简称"侧面"），这三个投影面互相垂直，并且两两相交于三条投影轴。其中 V 面与 H 面的交线称为 OX 轴，H 面与 W 面的交线称为 OY 轴，V 面与 W 面的交线称为 OZ 轴。三轴线的交点 O 称为原点。

2. 三视图的形成

将物体放在三投影面体系中，如图 2-9 所示，物体在 V 面上的投影称为主视图，在 H 面上的投影称为俯视图，在 W 面上的投影称为左视图。这三个视图统称为三视图。

为了把互相垂直的三个投影面上的投影画在一张二维的图纸上，必须将其展开，如图 2-10A 所示，假设 V 面不动，H 面沿 OX 轴向下旋转 90°，W 面沿 OZ 轴向后旋转 90°，使三个投影面处于同一个平面内，如图 2-10B 所示。此时的 OY 轴分成了两部分，随 H 面旋转的，在投影图上用 Y_H 表示，随 W 面旋转的，用 Y_W 表示。

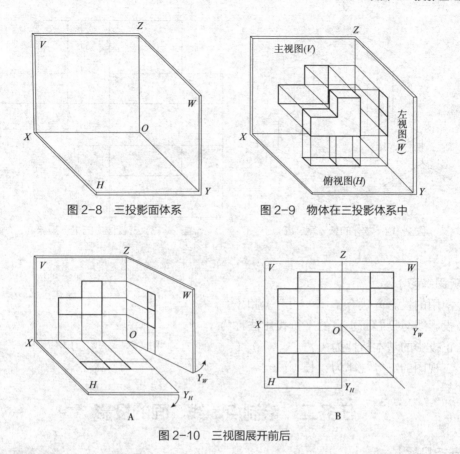

图 2-8 三投影面体系

图 2-9 物体在三投影体系中

图 2-10 三视图展开前后

图 2-11 物体三视图

在实际家具生产中所需的图样是物体的视图，而物体与投影面的确切关系是无关紧要的，因此在绘图中，可不画投影面框和投影轴，只画出物体的视图，如图 2-11 所示。但三个视图的位置关系是固定的，不能随意布置，即主视图置于上方，俯视图置于主视图下方，左视图置于主视图正右方。

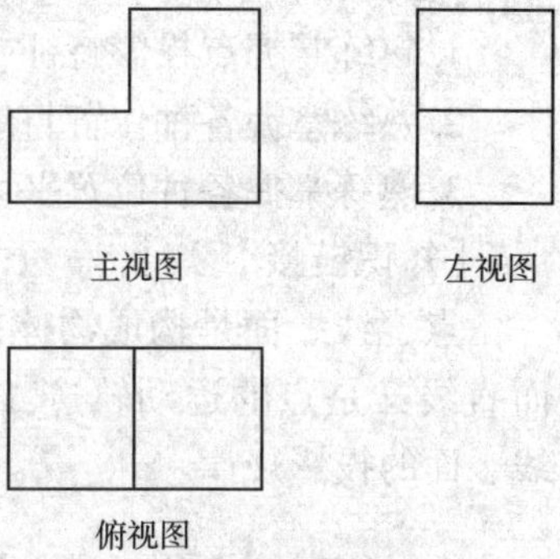

3. 三视图的投影关系

（1）物体的长、宽、高

通常规定物体左右之间的距离为长度；前后之间的距离为宽度；上下之间的距离为高度，如图 2-12 所示。

（2）三视图的尺寸关系

一个视图只能反映物体两个方位的尺寸，主视图反映物体的长度和高度；俯视图反映物体的长度和宽度；左视图反映物体的高度和宽度。

（3）三视图的投影规律

如图 2-13 可以看出，三个视图之间存在着以下投影规律：

主视图和俯视图长度相等——长对正；

俯视图和左视图宽度相等——宽相等；

左视图和主视图高度相等——高平齐。

"长对正、宽相等，高平齐"称为三视图的三等规律，是画图和识图时应遵循的基本规律。

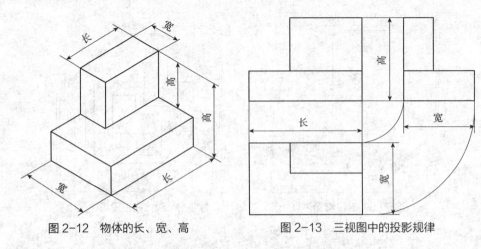

图 2-12 物体的长、宽、高　　图 2-13 三视图中的投影规律

【巩固练习】
1. 常用的投影方法有（　　　　）和（　　　　）。
2. 投影线与投影面垂直的平行投影法称为（　　　　）。
3. 正投影的基本特性为（　　　　）、（　　　　）和（　　　　）。
4. 三视图的三等规律为：长（　　　　），宽（　　　　），高（　　　　）。

任务二　绘制点、线、面的投影

【任务目标】
1. 熟练掌握点投影特征，能够正确绘制其投影。
2. 熟练掌握各种位置直线的投影特征，能够正确绘制其投影。
3. 熟练掌握各种位置平面的投影特征，能够正确绘制其投影。

【知识链接】
点、线、面是构成物体的基本元素，体块是由不同的平面构成，平面是由直线组成，而直线又是点的运动轨迹。要准确而快速地绘制复杂立体的投影图，必须先要掌握点、线、面的投影规律。

一、点的投影

如图 2-14A 所示，在三面投影体系中由空间点 A，向 H 面、V 面、W 面分别进行投影，那么空间点 A 在 H 面上的投影为水平投影，记作 a；在 V 面上的投影为正面投影，记做 a'；在 W 面的投影为侧面投影，记作 a''。

这里规定把空间点用大写字母 A、B、C…标记，在 H 面上的投影用小写字母表示如 a、b、c…，在 V 面上的用 a'、b'、c'…表示，在 W 面上的用：a''、b''、c''…表示。

以 V 面为基准，将 H 面向下旋转 90°，W 面向右旋转 90°，与 V 面展开成同一个平面，如图 2-14B 所示，可以看到以下的投影规律：

点 A 的 V 面投影和 H 面投影的连线垂直于 OX 轴，即：$a'a \perp OX$ 轴。
点 A 的 V 面投影和 W 面投影的连线垂直于 OZ 轴，即：$a'a'' \perp OZ$ 轴。

点 A 的 H 面投影到 OX 轴的距离等于其 W 面投影到 OZ 轴的距离，即：$aa_x=a''a_z$。

投影面的边框对作图没有作用，将边框去掉，就得到了点 A 在三投影面体系中的投影图，如图 2-14C 所示。

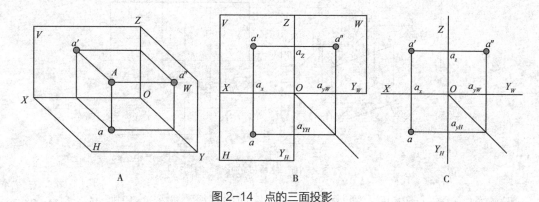

图 2-14 点的三面投影

根据点在三投影面体系中的投影规律，若已知一点的两个投影，那么该点在空间的位置就确定了，因此它的第三投影也唯一确定。可以根据已知点的两个投影，求第三投影。

图 2-15A 中已知 A 点的两个投影 a 和 a''，求其第三投影，如图 2-15B、C 所示，步骤如下：

（1）做 Y_H、Y_W 的 45°分角线。

（2）过 a' 作 OZ 的垂直线。

（3）过 a 作 OY_H 的垂直线与 45°分角线相交，过交点作 OY_W 垂直线并延长，与 a' a_z 的延长线相交于 a''，即为所求。

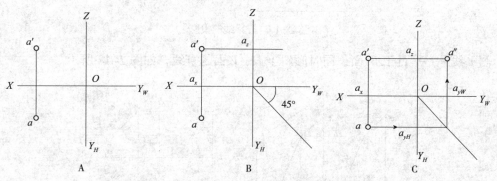

图 2-15 已知点的两个投影求第三投影

二、直线的投影

根据直线在三投影面体系中的位置，将其分为投影面平行线、投影面垂直线和投影面倾斜线。投影面平行线和投影面垂直线称为特殊位置线，投影面倾斜线称为一般位置直线。

1. 投影面平行线

平行于一个投影面，倾斜于其余两个投影面的直线称为投影面平行线。投影面平行线分为以下三种：

水平线——平行于 H 面，同时倾斜于 V、W 面的直线，如图 2-16 所示。

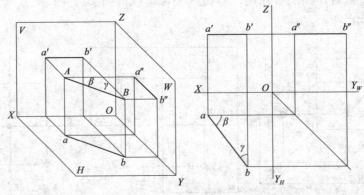

图 2-16　水平线的投影

正平线——平行于 V 面，同时倾斜于 H、W 面的直线，如图 2-17 所示。

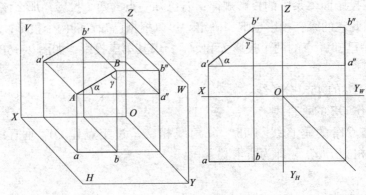

图 2-17　正平线的投影

侧平线——平行于 W 面，同时倾斜于 H、V 面的直线，如图 2-18 所示。

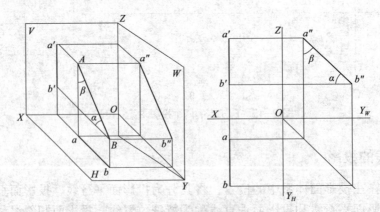

图 2-18　侧平线的投影

投影面平行线有如下投影特性：
（1）在所平行的投影面上的投影反映直线实长，该投影与投影轴的夹角等于直线与相应投影面的倾角。

（2）直线的其余两投影分别平行于相应的投影轴。

2. 投影面垂直线

垂直于一个投影面，同时平行于其他两个投影面的直线称为投影面垂直线。投影面垂直线分为以下三种：

铅垂线——垂直于 H 面，同时平行于 V、W 面的直线，如图 2-19 所示。

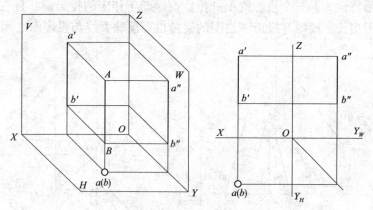

图 2-19　铅垂线的投影

正垂线——垂直于 V 面，同时平行于 H、W 面的直线，如图 2-20 所示。

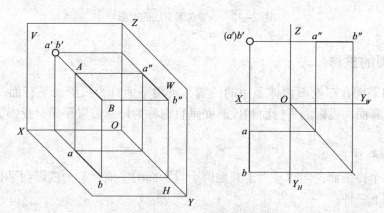

图 2-20　正垂线的投影

侧垂线——垂直于 W 面，同时平行于 H、V 面的直线，如图 2-21 所示。

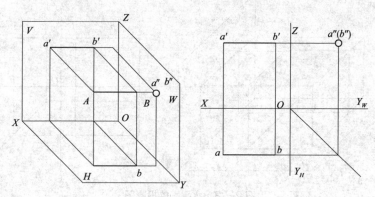

图 2-21　侧垂线的投影

投影面垂直线有如下投影特性：
（1）在所垂直的投影面上，其投影积聚成一点。
（2）直线的其余两投影均反映直线实长，并分别垂直于相应的投影轴。

3. 投影面倾斜线

对于三个投影面均处于倾斜位置的直线，称为一般位置直线。如图 2-22 所示，一般位置直线的投影特性为：三个投影面上的投影都倾斜于相应的投影轴，且三个投影均不反映实长，都小于实长，投影与投影轴之间的夹角也不反映直线与投影面之间的夹角。

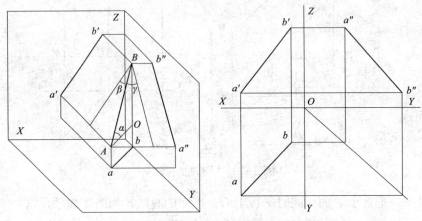

图 2-22　一般位置直线的投影

三、平面的投影

根据不同平面在三投影面体系中的位置，可将平面分为投影面平行面、投影面垂直面、投影面倾斜面。投影面平行面和投影面垂直面称为特殊位置平面，投影面倾斜面也称一般位置平面。

1. 投影面平行面

平行于一个投影面，同时垂直于其他两个投影面的平面，称为投影面平行面。投影面平行面分为以下三种：

水平面——平行于 H 面，同时倾斜于 V、W 面的平面，如图 2-23 所示。

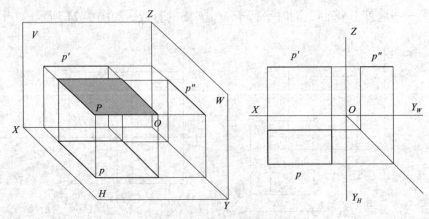

图 2-23　水平面的投影图

正平面——平行于 V 面，同时倾斜于 H、W 面的平面，如图 2-24 所示。

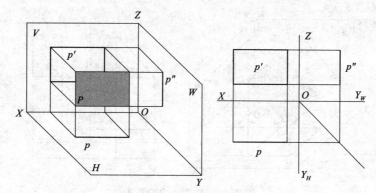

图 2-24　正平面的投影图

侧平面——平行于 W 面，同时倾斜于 H、V 面的平面，如图 2-25 所示。

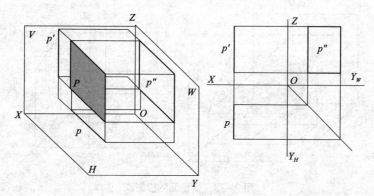

图 2-25　侧平面的投影图

投影面平行面有如下投影特性：
（1）在所平行的投影面上，其投影反映实形。
（2）平面的其余两投影积聚成直线，并分别平行于相应的投影轴。

2. 投影面垂直面

垂直于一个投影面，同时平行于其他两个投影面的平面，称为投影面垂直面，投影面垂直面可以分为以下三种：

铅垂面——垂直于 H 面，同时平行于 V、W 面的平面，如图 2-26 所示。

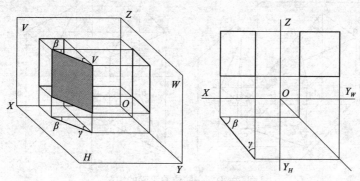

图 2-26　铅垂面的投影图

正垂面——垂直于 V 面，同时平行于 H、W 面的平面，如图 2-27 所示。

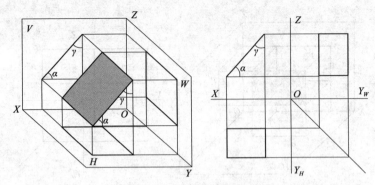

图 2-27 正垂面的投影图

侧垂面——垂直于 W 面，同时平行于 H、V 面的平面，如图 2-28 所示。

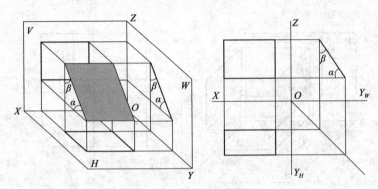

图 2-28 侧垂面的投影图

投影面垂直面有如下投影特性：
（1）在所垂直的投影面上，其投影积聚成一条直线。
（2）平面的其余两投影均为原形的类似形。

3. 投影面倾斜面

对于三个投影面都处于倾斜位置的平面，称为投影面倾斜面（或一般位置平面）。如图 2-29 所示，一般位置平面具有以下特性：它的三面投影既不反映平面图形的实形，也没有积聚性，而是原形的类似形。

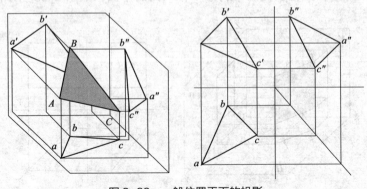

图 2-29 一般位置平面的投影

【巩固练习】

1. 已知 B 点的两面投影，求它的第三面投影。

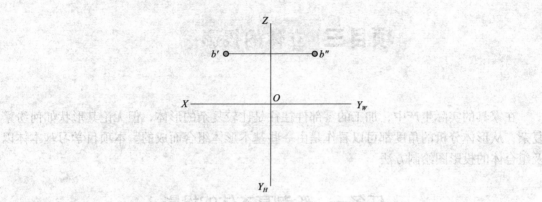

2. 已知直线 EF 为侧平线，作该直线的 V 面、H 面的投影。

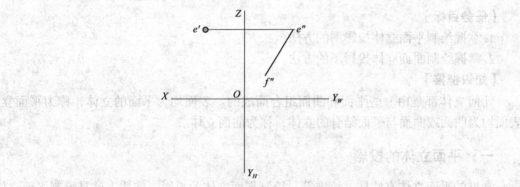

3. 完成下列两个平面的投影，并判别他们的空间位置。

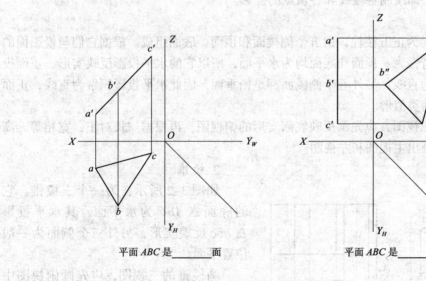

平面 ABC 是_____面　　　　平面 ABC 是_____面

项目三 立体的投影

在家具的实际生产中,加工的零部件往往是比较复杂的形体,但无论其形状如何纷繁复杂,从形体分析的角度都可以看作是由一些基本形体组合而成的。本项目学习基本体以及组合体的投影图绘制方法。

任务一 绘制基本体的投影

【任务目标】
1. 掌握绘制平面立体投影图的方法。
2. 掌握绘制曲面立体投影图的方法。

【知识链接】
任何立体都是由一些平面和曲面组合而成的。表面均为平面的立体,称为平面立体;表面均为曲面或曲面与平面结合的立体,称为曲面立体。

一、平面立体的投影

常见的平面立体有棱柱、棱锥等。绘制平面立体的投影,实质上就是绘制平面立体各多边形表面的投影,即绘制各棱线和各顶点的投影。

1. 棱柱

如图 3-1 所示,为正五棱柱,由五个侧棱面和顶面、底面组成。根据它们与投影面的相对位置,其投影特性为:顶面和底面均为水平面,所以它的水平投影反映实形,正面投影和侧面投影积聚为直线。另外五个侧棱面都是铅垂面,因此水平投影积聚为直线,正面投影和侧面投影均为类似形。

画正五棱柱的三视图,应先画反映底面实形的俯视图,再根据"长对正,宽相等,高平齐"的三等规律画出主视图和左视图。

2. 棱锥

如图 3-2 所示,为一个三棱锥,它的底面△ABC 为水平面,其水平投影△abc 反映实形,另外三个侧面为一般位置平面。

画棱锥的三视图,应先画俯视图中△ABC 的投影,并根据"三等"规律画出△ABC 的主视图、左视图中有积聚性的投影;再画锥顶 S 的各个投影;最后连接各条棱线 SA、SB、SC 的同名投影。

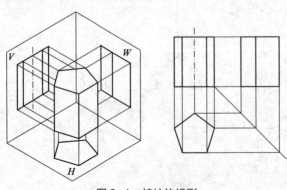

图 3-1 棱柱的投影

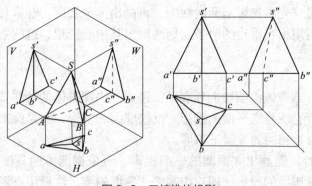

图 3-2 三棱锥的投影

二、曲面立体的投影

无论古典家具还是现代家具，都有曲面立体的造型，如椅子腿、圆桌面等，曲面立体有着广泛的应用。

常见的曲面立体有圆柱、圆锥、球体等。它们的表面都是由一条母线（直线或曲线）绕一轴旋转而形成的，旋转后形成的曲面称为回转面；在回转面上任意位置的母线称为素线，如图 3-3 所示。

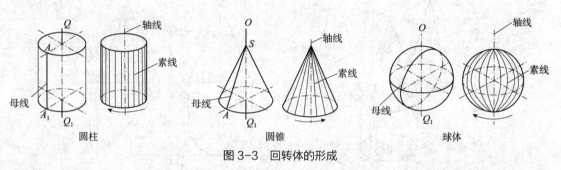

图 3-3 回转体的形成

1. 圆柱

如图 3-4 所示，圆柱体由圆柱面的上、下端面组成。当圆柱体的轴线垂直于水平面时，圆柱面上所有素线都是铅垂线，圆柱面的水平投影积聚为一个圆，这个圆也就是上、下端面的投影。圆柱面是光滑曲面，没有棱线，所以在主视图和左视图上，圆柱的投影是相同的矩形。

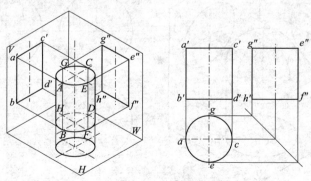

图 3-4 圆柱的投影

画圆柱的投影时，先画投影是圆的视图，再画出其他视图。在家具图样中，圆或大于半圆的圆弧，都必须用相互垂直的两条点划线画出其中心位置，这两条点划线称为圆的中心线。

2. 圆锥

如图 3-5 所示，圆锥体由圆锥面和底平面组成。当圆锥体的轴线垂直于水平面时，其水平投影为一个圆，它既是底平面的投影，反映底面的实形，又是圆锥面的投影。圆锥主视图和左视图的投影是相同的等腰三角形。

画圆锥的投影时，先画出底面圆的三面投影，再依据圆锥的高度画出锥顶点 S 的三面正投影，最后画轮廓线的投影，即连接等腰三角形的腰。注意用点划线画出圆锥体的中心线。

3. 圆球

如图 3-6 所示，圆球的三个投影均为圆，并且直径与球的直径相同。需要注意的是，圆球的三个投影都是圆，但它们是不同位置的轮廓素线的投影。主视图的圆是轮廓素线 A 的投影，俯视图、左视图上的圆分别是球面上轮廓素线 B 和 C 的投影。

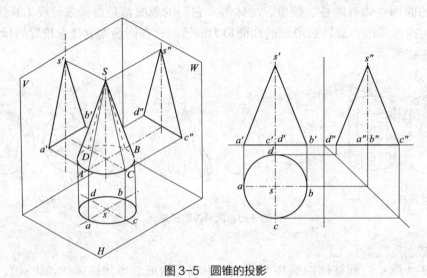

图 3-5 圆锥的投影

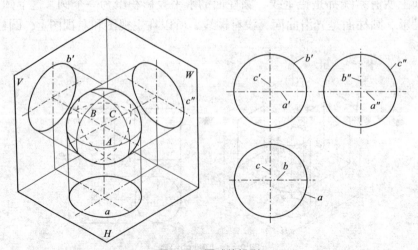

图 3-6 圆球的投影

【巩固练习】

1. 作下列平面立体的第三视图及表面点 A 的另外两个投影。

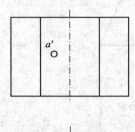

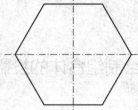

2. 作下列平面立体的第三视图及表面点 A 的另外两个投影。

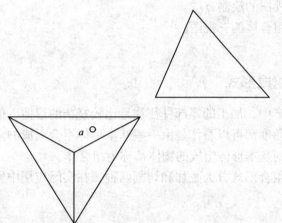

3. 作下列曲面立体的第三视图及表面点 A 的另外两个投影。

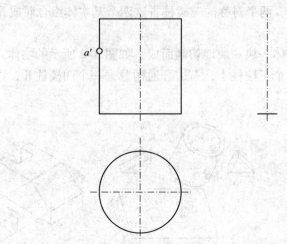

4. 作下列曲面立体的第三视图及表面点 A 的另外两个投影。

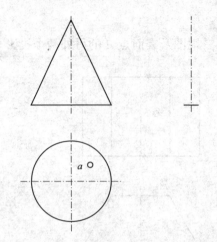

任务二　绘制组合体的投影

【任务目标】
1. 掌握组合体的组成形式和相邻表面的连接方式。
2. 掌握组合体三视图的绘制方法。
3. 能够熟练绘制组合体的三视图。

【知识链接】

一、组合体的组成形式

在家具的实际生产中，加工的零部件往往是比较复杂的形体，但无论其形状如何纷繁复杂，从形体分析的角度都可以看作是由一些基本形体组合而成的。从这个意义上讲，凡是由两个或两个以上的基本形体组成的物体都称为组合体。

一般把组合体的组合形式分为叠加和切割两种，在实际应用中经常遇到既有叠加，又有切割的组合体。

1. 叠加式

叠加式就像搭积木一样，一块一块地叠加上去。图3-7中的组合体，可以看作由一个四棱柱Ⅰ、一个空心圆柱Ⅱ、两个对称的三棱柱Ⅲ这四个基本体组合而成。

2. 切割式

切割式就是将简单的形体一块一块地切割而成。如图3-8所示的物体，可以看作一个长方体，其左上角被截去一个三棱柱Ⅰ，右边开通槽截去一个四棱柱Ⅱ，这是经过两次切割形成的物体。

图3-7　叠加式组合体　　　　　　　　图3-8　切割式组合体

二、组合体的相邻表面连接形式

根据组合体中各基本形体之间的相对位置的不同,相邻表面间的接触方式分为相错、平齐、相切、相交几种情况。

1. 相错

如图 3-9 所示,当两形体表面错开时,其形体之间有分界线,在三视图中要画出这条线。

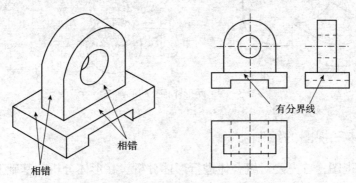

图 3-9　两形体相错时的画法

2. 平齐

如图 3-10 所示,当两形体平齐时,它们为共面,其平齐表面之间不存在分界线。

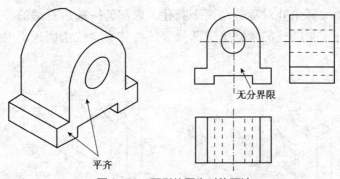

图 3-10　两形体平齐时的画法

3. 相切

当两个形体有平面与曲面,或曲面与曲面表面相切时,如图 3-11 所示,其相切处不应画线。

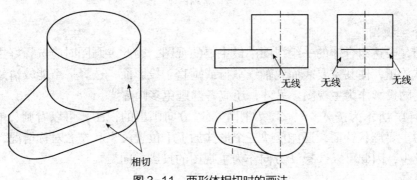

图 3-11　两形体相切时的画法

4. 相交

如图 3-12 所示，两形体表面相交时，其相交处应画出交线。

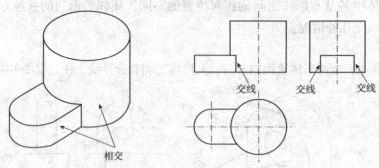

图 3-12　两形体相交时的画法

三、组合体三视图的绘制

画组合体三视图，首先要对组合体进行形体分析。在形体分析的基础上，选择好主视图，再一一画出各基本形体的投影，最后完成组合体的三视图。

下面以图 3-13 为例，说明画组合体三视图的方法和步骤。

1. 形体分析

图 3-13 的组合体，可以假想分解为三个部分。其中底板 Ⅰ 外形为一个四棱柱，前面两个棱导出圆角，圆角处对称分布两个圆孔，底部开一前后贯通的长方形槽；上面的立板 Ⅱ 为四棱柱开了半圆柱的槽；第三部分为三棱柱 Ⅲ，位于底板 Ⅰ 上方，立板 Ⅱ 前方中部位置。

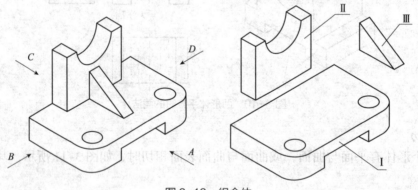

图 3-13　组合体

2. 选择主视图

主视图是表达组合体的一组视图中最主要的视图，因此，画图时应选择好主视图。通常将组合体放正，使其主要表面或轴线平行或垂直于投影面，选择一个能较清楚反映组合体形状特征的投影作为主视图。另外，还应考虑避免多画虚线。

如图 3-14 所示为按 A、B、C、D 四个投影方向画出的视图，可以看到，A 方向能反映组合体的主要形状特征，还能反映三个形体的上下位置关系和左右对称情况，并且虚线出现的也较少，因此可以选择 A 方向作为主视图的投影方向。

3. 画图步骤

画组合体的三视图是按形体分析逐个画出各基本形体的视图。在画图过程中，首先画出主要部分，再画其他细节部分。有回转体的物体，应先画表现为圆的视图。画图时要注意三等关系，即主视图、左视图等高，主视图、俯视图等宽，俯视图、左视图等深。完成底稿后，要仔细检查，擦去多余线条，再按国标中规定的线型加深。具体步骤如下所示：

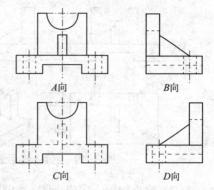

图 3-14 分析比较主视图的投影方向

（1）布置视图，画出各视图的基准线，如图 3-15 所示，注意视图分布要匀称，不要偏向一方。

（2）画底板Ⅰ。如图 3-16 所示，画出底板的主要轮廓。

（3）画立板Ⅱ。如图 3-17 所示，画出立板的主要轮廓，注意先画半圆槽在主视图上的投影，再画其他视图投影。

（4）画三棱柱Ⅲ。如图 3-18 所示，先画三棱柱在左视图的投影，再画其他视图的投影。

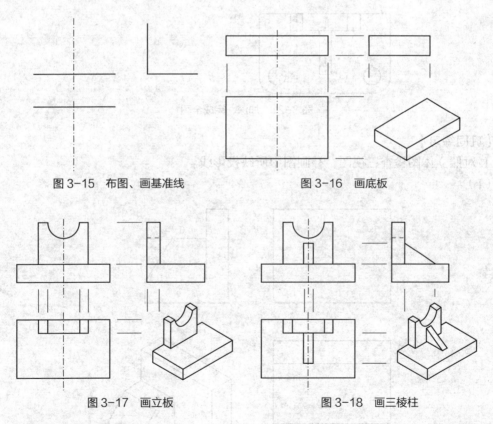

图 3-15 布图、画基准线　　图 3-16 画底板

图 3-17 画立板　　图 3-18 画三棱柱

（5）画底板的前后通槽。如图 3-19 所示，先画通槽在主视图的投影，再画其他视图的投影。注意看不见的线要用虚线。

（6）画底板上的两个圆角及圆孔。如图 3-20 所示，先画俯视图投影，再画其他视图投影。

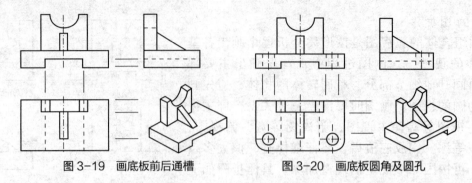

图 3-19　画底板前后通槽　　　图 3-20　画底板圆角及圆孔

（7）检查加深，完成全图。如图 3-21 所示，检查无误后，按国家标准规定的线型加深。

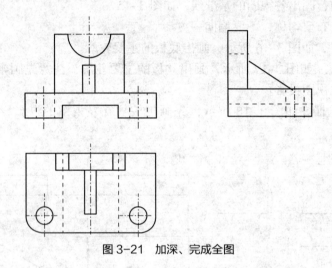

图 3-21　加深、完成全图

【巩固练习】

1. 对照立体图检查三视图，补画图中所缺投影线。

（1）

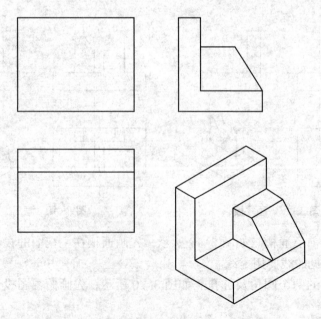

（2）

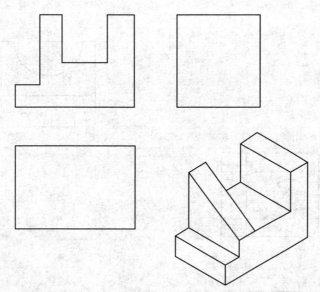

2.根据立体图画三视图（各部分尺寸按1∶1直接从立体图上量取，箭头所指方向为主视图方向）。

（1）

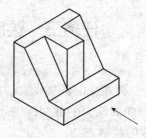

（2）

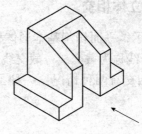

3. 已知两视图，求第三视图。

（1）

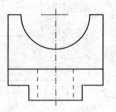

（2）

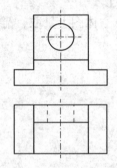

任务三　绘制立体表面的交线

【任务目标】
1. 掌握平面与立体相交的截交线绘制方法。
2. 理解平面与曲面相交的截交线的不同形状。
3. 掌握相贯线的绘制方法。

【知识链接】
各类家具或产品的零部件大多是由各种基本几何体构成，但有些产品或零件有多种多样的形状变化，这些零件装配在一起会形成新的交线。交线的形成主要有两种类型：平面与立体相交、两个立体相交。

一、平面与立体相交

如图 3-22 所示，平面切割基本形体称为截交，截切基本体的平面称为截平面；截平面与立体表面的交线称为截交线；截交线所围成的平面图形称为截断面。

平面与立体相交有两种情况：一种是平面与平面立体相交；另一种是平面与曲面立体相交。

1. 平面与平面立体相交

平面立体的表面由多边形平面组成，因此，截平面与它形成的交线一定是封闭的平面多边形折线。如图 3-22 所示，截平面 P 与三棱锥相交，所得交线为 DE、DF、EF，三条交线构成一个平面 △DEF，点 D、E、F 为三棱锥各条棱与截平面的交点。因此，只要求出这些交点的投影，然后依次将其连接，即可得到截交线。

如图 3-23 所示，三棱锥被正垂面 P 所截，根据点在线上的投影方法，可以求出截交线的水平投影 de、df、fd。

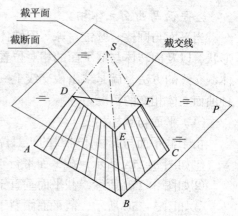

图 3-22　平面切割立体

如图 3-24 所示，为一四棱锥被正垂面切去锥顶，所截平面是四边形，截面与四条棱的截点位置可以从主视图中找到。按照"长对正"的原则，交到俯视图四条棱上的点，根据"宽相等"的原则找到左视图上的四个点，依次连接，即可得截交线的水平投影和侧投影。

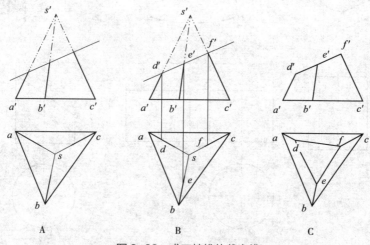

图 3-23　求三棱锥的截交线

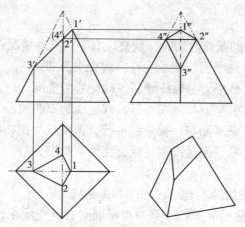

图 3-24　四棱锥被正垂面所切

2. 平面与曲面立体相交

当平面与圆柱、圆锥、球等回转体相交时，截交线的形状取决于被截立体表面的几何形状，以及回转体与截平面的相对位置。回转体的截交线一般为封闭的平面曲线。求回转体截交线的方法，就是求出截交线上一系列点的投影后依次连接。下面分别介绍平面与各种曲面立体相交的情况。

（1）平面与圆柱相交

由于截平面与圆柱体轴线的相对位置不同，截交线有下列三种情况：

①如图 3-25A 所示，截平面平行于轴线时，截交线是一个矩形。

②如图 3-25B 所示，截平面垂直于轴线时，截交线仍为圆。

③如图 3-25C 所示，截平面倾斜于轴线时，截交线是一个椭圆。

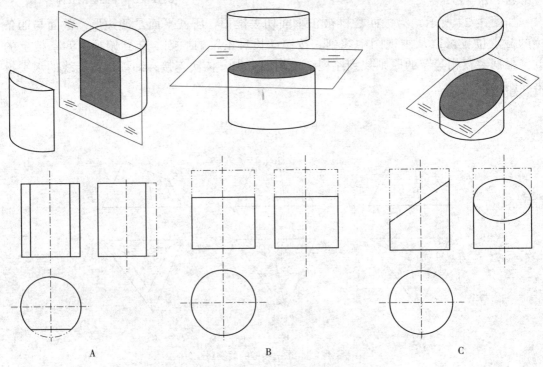

图 3-25 平面与圆柱相交

（2）平面与圆锥相交

圆锥被不同特征位置的截面裁切时，截交线有下列五种情况：

①如图 3-26A 所示，截平面与轴线垂直，截交线为圆。

②如图 3-26B 所示，截平面与轴线倾斜，截交线为椭圆。

③如图 3-26C 所示，截平面与轴线平行，截交线为双曲线。

④如图 3-26D 所示，截平面与一根素线平行，截交线为抛物线。

⑤如图 3-26E 所示，截平面过锥顶，截交线为三角形。

（3）平面与圆球相交

用任何位置的截平面截割圆球，截交线的形状都是圆。

如图 3-27 所示，当截平面平行于某一投影面时，截交线在该投影面上的投影为圆的实形，其他两面投影积聚为直线。

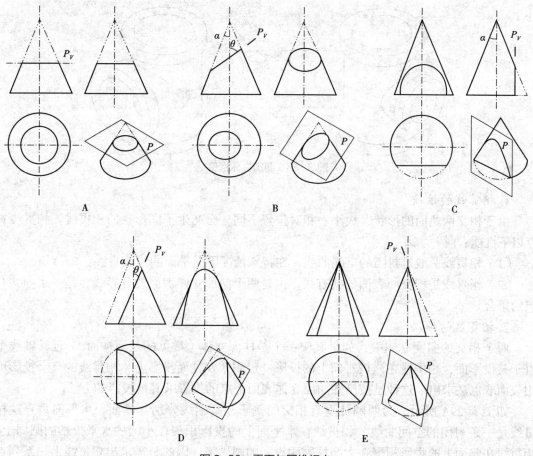

图 3-26 平面与圆锥相交

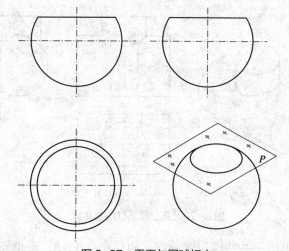

图 3-27 平面与圆球相交

二、立体与立体相交

立体与立体相交称为相贯，它们表面的交线称为相贯线，如图 3-28 所示。这里主要研究曲面与曲面的相交。

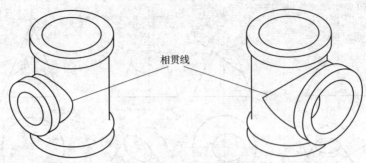

图 3-28 两圆柱体相贯

1. 相贯线的性质

由于相交两曲面的形状、大小、相对位置不同，会产生不同形状的相贯线。相贯线具有以下性质：

（1）相贯线一般是封闭的空间曲线，在特殊情况下是平面曲线或直线。

（2）相贯线是相交两表面的共有线，也是两个曲面立体表面的分界线，是一系列共有点的集合。

2. 相贯线的画法

两个相交的曲面立体中，如果其中一个是柱面立体（常见的是圆柱面），且其轴线垂直于某投影面，相贯线在该投影面上的投影一定积聚在柱面投影上，相贯线的其余投影可用表面取点法求出。这种是按已知曲面立体表面上点的投影求其他投影的方法。

如图 3-29A 所示，为两圆柱垂直相交的例子，其轴线分别与侧面、水平面垂直。相贯线是一条封闭的空间曲线。相贯线在水平面上的投影积聚在小圆柱水平投影的圆周上，相贯线在侧面上的投影积聚在大圆柱侧面投影的圆周上，因此只需求出相贯线上一系列点的正面投影，再用曲线板连接即可完成，如图 3-29B 所示。

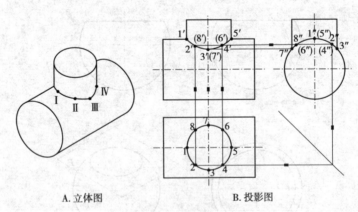

A. 立体图　　　　B. 投影图

图 3-29 正交两圆柱的相贯线

作相贯线时应该求出一些特殊位置的点，如最高点 1、5，最低点 3。此外，再适当多求几个点，如 2、4 等。求出其正面投影，就可以完成作图。

3. 两圆柱正交的类型

如图 3-30 所示，两圆柱正交有三种情况：①两外圆柱面相交；②外圆柱面与内圆柱面相交；③两内圆柱面相交。这三种情况的相交形式虽然不同，但相贯线的性质和形状一样，求法也是一样的。

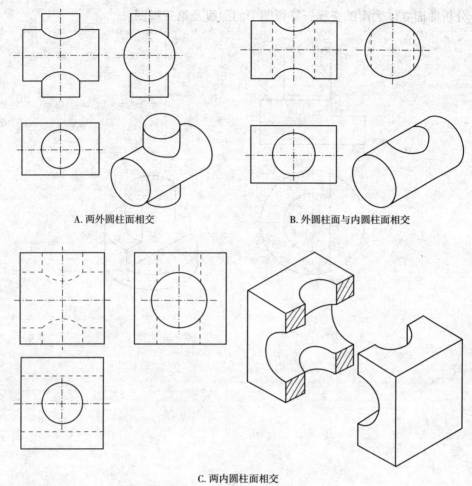

A. 两外圆柱面相交　　B. 外圆柱面与内圆柱面相交

C. 两内圆柱面相交

图 3-30　两圆柱正交的三种情况

【巩固练习】

1. 分析平面立体表面的交线，补画图中的漏线及第三视图。

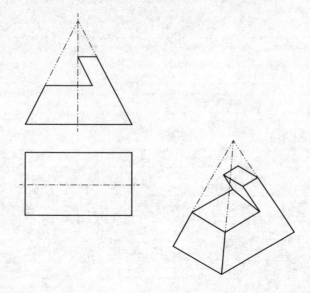

2. 分析曲面立体表面的交线，补画图中的漏线及第三视图。

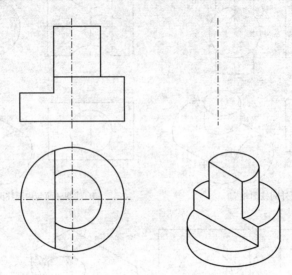

项目四 轴测投影

轴测图是常见的一种立体图,如图 4-1 所示,它是用一个投影面来表达物体的三维形状,和正投影图相比,它具有立体感强和直观性好的特点。

但是轴测图的作图过程比较复杂,并且它不能确切地反映物体的真实形状和大小,因此它是一种辅助图样,用来帮助理解物体的空间形状,为设计构思与技术交流提供便利,通常用来绘制家具零部件的装配图及家具产品的外形图等。

图 4-1 凳子的轴测图

任务一 学习轴测投影的基本原理

【任务目标】
1. 了解轴测投影的基本原理。
2. 了解轴测图的投影特性与分类。

【知识链接】

一、轴测图的形成

要想物体的三个方向在一个投影面上同时都有投影,有两种办法:

1. 改变物体相对于投影面的位置

将物体的三个方向的面及其三个投影轴倾斜地放在投影面前,但平行的投影线仍保持垂直于投影面。如图 4-2 所示,这时所得到的正投影能反映出形体长、宽、高 3 个尺度的投影。这种投射方向垂直于轴测投影面所形成的轴测图称为正轴测图。

2. 改变投影方向

如图 4-3 所示,物体对投影面的相对位置不变,但平行的投影线与投影面斜交。这样,由于投影方向与物体和投影面均倾斜,所以其投影图也能同时反映出物体的三维形状。这种投射方向倾斜于轴测投影面所形成的轴测图称为斜轴测图。

这两种方法都只用了一个投影面,称为轴测投影面;三个坐标轴在轴测投影面上的投影称为轴测轴;

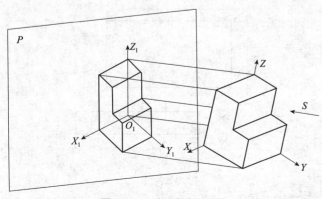

图 4-2 正轴测图的形成

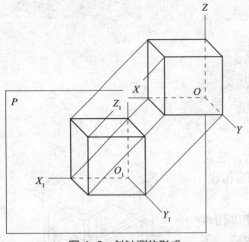

图 4-3 斜轴测的形成

三个轴测轴之间的夹角称为轴间角。

图 4-2 和图 4-3 中,投影面上的 O_1X_1、O_1Y_1、O_1Z_1 为轴测轴,轴测轴间的夹角 $\angle X_1O_1Y_1$、$\angle X_1O_1Z_1$、$\angle Y_1O_1Z_1$ 为轴间角。

二、轴测图的投影特性与分类

1. 轴测图的投影特性

轴测图是根据平行投影的原理作出的。因此,在绘制轴测图时应掌握以下投影特性:

(1)物体上与某坐标轴平行的直线,在轴测图中也必定平行于相应的轴测轴。

(2)物体上相互平行的线段,在轴测图中也必定相互平行。直线的分段比例在轴测投影中仍不变。

(3)物体上的直线与投影面倾斜,该直线的投影必然缩短。所以,任意坐标轴如果与轴侧投影面倾斜,则此坐标轴上单位长度的投影缩短。它的投影长度与实长之比,称为轴向伸缩系数。

(4)物体上不平行于坐标轴的直线,在轴测图中应以两端点的轴侧投影的连线来确定,绝不可在物体上或三视图上直接量取其长度。

2. 轴测图的分类

(1)根据投影方向不同分类

①正轴测图　当投影方向垂直于投影面时形成的轴测图。

②斜轴测图　当投影方向倾斜于投影面时形成的轴测图。

(2)根据轴向收缩系数不同分类

①等测轴测图　三个轴向伸缩系数均相等的轴测图。

②二测轴测图　只有两个轴向伸缩系数相等的轴测图。

③三测轴向图　三个轴向伸缩系数均不相等的轴测图。

以上两种分类法结合,便得到六种轴测图,分别简称正等测、正二测、正三测、斜等测、斜二测、斜三测轴测图。家具制图中常用的轴测图为正等测、斜二测,如图 4-4 所示。

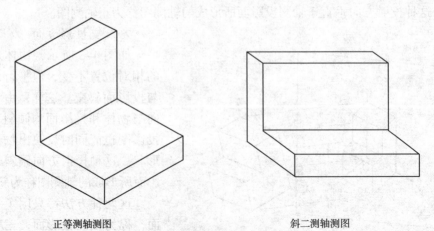

正等测轴测图　　　　　　斜二测轴测图

图 4-4　正等测和斜二测轴测图

【巩固练习】
1. 轴测图是常见的一种立体图，和正投影相比，它具有（　　　　）的特点。
2. 根据投影方向不同，轴测图可以分为（　　　　）和（　　　　）。
3. 根据（　　　　）的不同，轴测图可分为等测轴测图、二测轴测图和三测轴测图。

任务二　绘制正等测图

【任务目标】
1. 掌握绘制正等测图的方法。
2. 熟练运用坐标法、切割法和叠加法绘制正等测图。
3. 掌握绘制圆的正等测图的方法。
4. 熟练绘制圆的正等测图。

【知识链接】
在正轴测投影中，当坐标轴 X、Y、Z 与轴侧投影面的倾斜程度都相同时，其轴间变化率和轴间角也必然相同。此时三个方向的轴向伸缩系数也相等，均为 0.82，轴间角均为 120°，如图 4-5A、B 所示，这种正轴测图也称正等轴测图，简称正等测图。

在实际应用时，为了画图方便，三个方向的轴向伸缩系数一般简化为 1，也就是按实际尺寸画出，这样画出的立体图要比实际投影大 1.22 倍，如图 4-5C 所示，但并不影响物体的立体感。

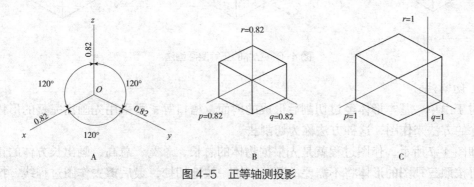

图 4-5　正等轴测投影

一、常用的正等测图的画法

1. 坐标法

坐标法又称定点法，它是根据形体表面上各顶点的空间坐标，画出它们的轴测投影，然后依次连接成形体表面的轮廓线，即得该形体的轴测图。这种画法常用于比较完整的多面平面立体。

如图 4-6A 所示，已知立体的正视图和俯视图，画出其正等测图。步骤如下：

（1）按 120° 的轴间角画出正等测轴，在 O_1X_1、O_1Y_1 上截取长度 a、b，画出立体底面的轴测投影，如图 4-6B 所示。

（2）过底面的各顶点，沿 O_1Z_1 方向，向上作直线，并分别在直线上截取高度 h_1 和 h_2，得到立体顶面的各顶点，如图 4-6C 所示。

（3）连接各顶点，画出立体的顶面，如图4-6D所示。
（4）擦去多余图线，描深，即完成立体的正等测图，如图4-6E所示。

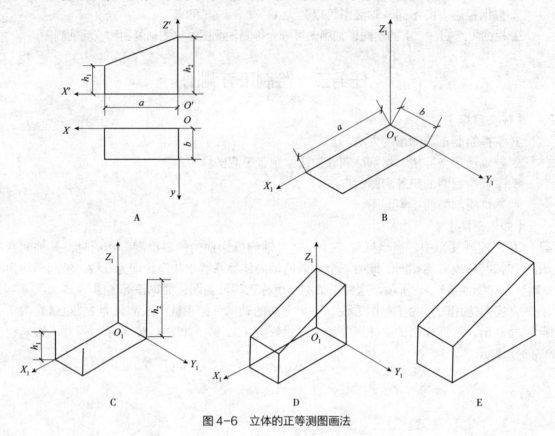

图 4-6　立体的正等测图画法

2. 切割法

对于由单一基本形体经过切割后形成的斜面、槽口等，可采用先画出完整的形体再逐步切除的方法来作图，这种方法称为切割法。

如图4-7所示，作图过程就是先根据物体的总长、总宽、总高，画出长方体的正等测图，再按照三视图的形体将不需要的部分一块一块地切掉，最后擦去作图过程线，按线型要求加深图线。

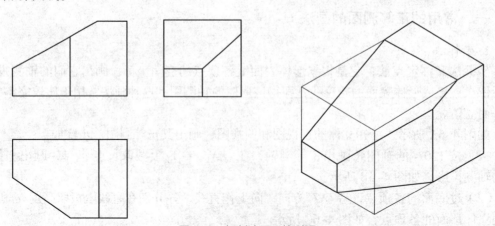

图 4-7　切割法画正等测图

3.叠加法

叠加法是将叠加式或其他方式组合的组合体，通过形体分析，分解成几个基本形体，再依次按其相对位置逐个画出各个部分，最后完成组合体的轴测图。

如图 4-8A 所示，该组合体可以看作是由三个四棱柱上下叠加而成。在绘制时可选择最下层四棱柱底面的中心作为坐标轴的原点，从下到上，通过叠加的方式依次绘制三个四棱柱，如图 4-8B、C、D 所示。最后，擦去作图过程线，按线型要求加深图线，如图 4-8E 所示。

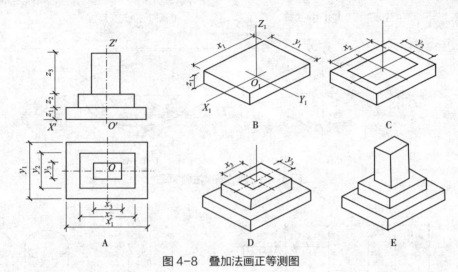

图 4-8 叠加法画正等测图

二、圆的正等测图画法

在平面立体的正等测图中，平行于坐标面的正方形变成了菱形，如果在正方形内有一个圆与其相切，那么这个圆会随着正方形四条边的变化，变成了内切于菱形的椭圆，如图 4-9 所示。

椭圆的画法原则上应该采用坐标法绘制，即逐点连接成光滑的椭圆弧。但在生产中常采用各种近似画法，如图 4-10 所示的四心法。作图步骤如下：

（1）作与该水平圆外切正方形的正等测图，如图 4-10A、B 所示。

（2）分别以 O_1、O_2 为圆心，以 R_1 为半径，画前后位置的大弧，如图 4-10C 所示。

（3）作 O_1（或 O_2）与对应大弧的起点（或终点）的连线，交椭圆长轴于 O_3、O_4。分别以 O_3、O_4 为圆心，以 R_2 为半径，画出左右位置的小弧，与大弧光滑相接。如图 4-10D 所示。

圆柱体的正等测图，可以先用四心圆弧法分别画出顶面和底面的椭圆，再作上下两椭圆的纵向外切线，最后擦去不可见轮廓线。如图 4-11 所示，在实际作图中，可以先求出顶面的椭圆，再将画顶面椭圆时的三个圆心下移（称为移心法），最后只需画出前半个椭圆及其上、下圆弧的纵向外切线。

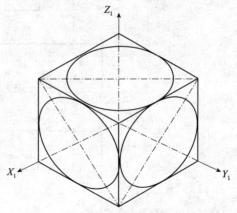

图 4-9 平行于坐标面的圆的正等测图

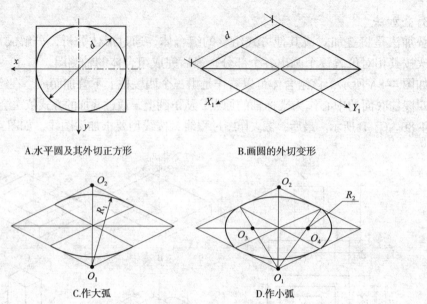

A.水平圆及其外切正方形　　　　B.画圆的外切变形

C.作大弧　　　　　　　　　　D.作小弧

图4-10　四心圆弧法画椭圆

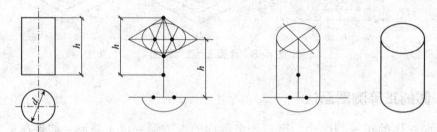

图4-11　圆柱的正等测图画法

【巩固练习】

根据所给视图画出正等测图（尺寸按1∶1直接在图中量取）。

（1）

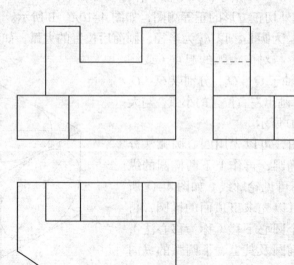

（2）

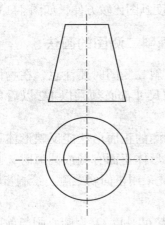

任务三 绘制正面斜二测图

【任务目标】
1. 了解正面斜二测图的形成原理。
2. 掌握正面斜二测图的绘制方法。
3. 熟练绘制正面斜二测图。

【知识链接】

一、正面斜二测图的形成

将立体连同三个方向的坐标轴一起按斜投影方法在某投影面上投影，就可得出斜轴测图。如图 4-12A 所示的立方体，令其正面平行于轴测投影面 P，则正面形状仍反映实形，X 轴方向和 Z 轴方向的长度及夹角 90° 都不变，另两个坐标面 XOY 和 YOZ 由于不与轴测投影面平行。因此，平行于这两个坐标面的图形不能反映实形，且发生轴向变化，即 Y 轴的轴向变化率与 X、Z 轴不等。

因此，若取 Y 轴向变化率为 X 或 Z 轴的 1/2，那么，具有这种轴向变化特性的轴测图就称为正面斜二等轴测图，简称正面斜二测图，如图 4-12B 所示。

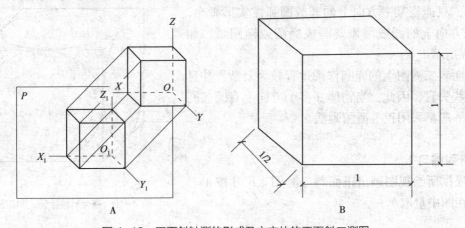

图 4-12 正面斜轴测的形成及立方体的正面斜二测图

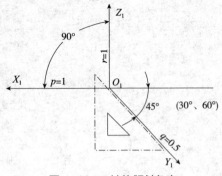

图 4-13　Y 轴的倾斜角度

Y 轴的倾斜角度一般是 45°，也可用 30° 或 60°，这些角度画图比较方便，如图 4-13 所示。

二、正面斜二测图的画法

在画正面斜二测图时要注意，在物体或三视图上度量的 Y 向尺寸都必须乘以 1/2 以后再画到轴测图上。

正面斜二测的正面形状能反映形体正面的真实形状，特别当形体正面有圆或圆弧时，画图比较方便。如图 4-14A 所示，组合体的正面有一个圆，因此采用正面斜二测，绘制步骤如下：

（1）作轴测轴，画出组合体的正面形状。

（2）圆心 O_1 沿 Y_1 轴向后移 $b/2$ 的距离，得到点 O_2，以 O_2 为圆心画与前面相同的弧（不必完全画出）。作出前后两半圆弧的切线，再完成底部投影，如图 4-14B 所示。

（3）整理全图。擦去作图过程线，按线型要求加深图线，如图 4-14C 所示。

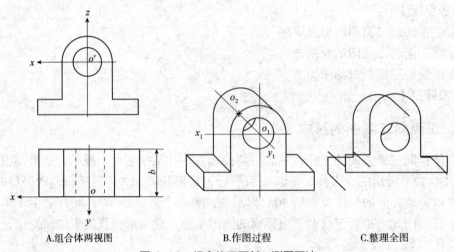

A.组合体两视图　　B.作图过程　　C.整理全图

图 4-14　组合体正面斜二测图画法

画正面斜二测图时，当物体在多个方向上有圆或圆弧时，只能将某一方向上的圆或圆弧按实形画出，而其他方向上的圆或圆弧要画成椭圆或椭圆弧，如图 4-15 所示。

正面斜二测图上的椭圆作图过程较为复杂，并且图形有些失真。因此，当物体在多个方向上有圆或圆弧时，一般都采用正等测图画法。

【巩固练习】

根据所给视图画出正面斜二测图（尺寸按 1:1 直接在图中量取）。

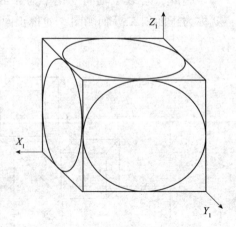

图 4-15　各坐标面上圆的斜二测图

(1)
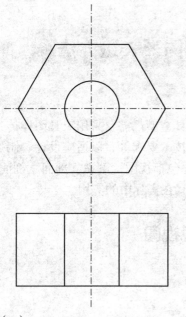

(2)
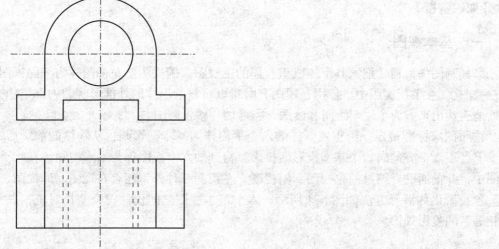

项目五　家具图样图形表达方法

为满足现代家具生产的需要，无论何种形式的家具造型都需要采用家具图样传达各种技术信息，包括外部形式、内部结构、材料使用以及技术要求等，以适应设计、制造和检验的需要。《家具制图》中规定了一系列的表达方法，包括视图、剖视、剖面、剖面符号、常用连接的画法等，本项目将按标准介绍这些内容及其在实际中的应用。

任务一　绘制常见视图

【任务目标】
1. 了解家具视图相关知识及其表达的要求与原则。
2. 掌握家具向视图的画法。
3. 掌握斜视图的画法。
4. 掌握局部视图的画法。

【知识链接】

一、基本视图

家具制图中，通常把家具形体或组合体的主视图、俯视图、左视图称为三面视图（简称三视图）。在生产实践中，仅用三视图有时难以将复杂形体的外部形状和内部结构完整、清晰地表达出来。为了便于绘图和读图，需增加一些投影图。

按照国家标准规定，用正六面体的六个平面作为基本投影画，从物体的前、后、左、右、上、下六个方向向六个基本投影面投影，得到的六个视图称为基本视图。在六个基本视图中，除前面已介绍过的主视图、俯视图、左视图三种外，还有右视图、仰视图、后视图。各投影面的展开方法如图 5-1 所示，六个基本视图之间仍然符合"长对正，高平齐，宽相等"的投影规律。

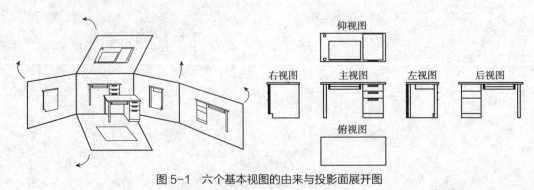

图 5-1　六个基本视图的由来与投影面展开图

在同一张图纸上，六个基本视图的位置不能任意挪动，应按图 5-2A 规定位置布置，且保持投影关系。这样不需要写出视图的名称，也不需要作任何标注。但若确因需要基本视图位置有变动，也可自由配置。应在该视图上方标注视图名称"×"（"×"是大写英文字母的代号），在相应视图附近用箭头指明投影方向，并注上相同的大写字母，这个视图称为向视图，如图 5-2B 所示。

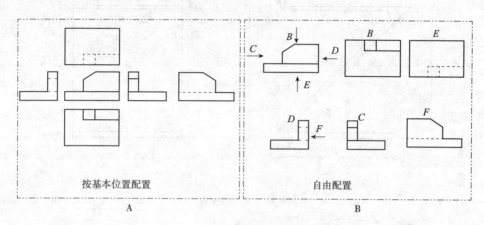

图 5-2　六个视图按基本位置配置和自由配置

主视图的选择要考虑最有效地使看图者明白所要表达物体的形状特点，其次还要便于加工，避免为使加工时图形与工件的方向一致而颠倒图纸看图。反映形体特征是主视图最主要的选择原则。对家具来说，一般是以正面作为主视投影方向，如图 5-3A 所示。但也有一些家具例外，如椅子、沙发等最为典型，常把侧面作为主视图投影方向，如图 5-3B 所示。因为侧面反映了椅子、沙发的主要结构特征，尤其涉及功能的一些角度、曲线在侧面反映最清楚，是其他方向不能代替的，因此应把侧面作为主视图方向，再配以其他视图以全面完整地表达各个部分结构及形状。

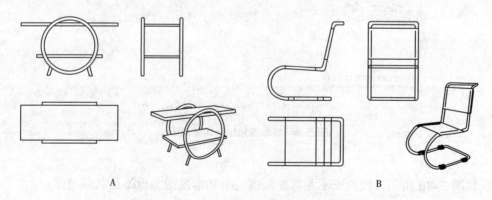

图 5-3　主视图的选择要反映形体特征

视图数量的多少视所表达的物体的需要而定。这取决于物体本身的复杂程度，原则是要无遗漏地表达清楚形体的方方面面，其次是要便于看图和简便画图，也就要避免重复表达。一般用三个视图表达就比较清楚了，但如果可以用两个视图表达清楚就不需要用三个视图，如图 5-4A 所示。但是有的家具用三个基本视图表达还不够，就需要用更多视图来

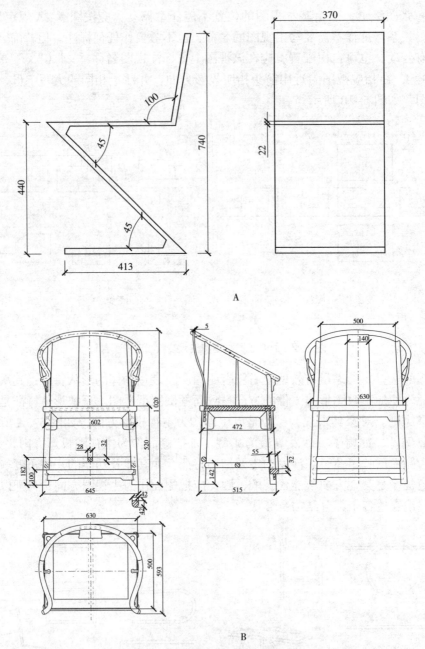

图 5-4 视图数量根据需要而定

表达,如图 5-4B 所示。因此既不是都要画满三个基本视图,也不是越多越好。

二、斜视图

家具某零部件向不平行于任何基本投影面投影所得的视图称为斜视图。当家具中某些表面为投影面垂直面时,在基本视图上就不能反映表面的实际形状。如图 5-5 所示,沙发靠背无论在俯视图或左视图中都不能反映实际形状,要画出真实形状就要用斜视图表达。图中 A 向视图即为斜视图,是沙发靠背的实际形状,它的画法原理如图 5-6 所示。引进

一个新投影面 H_1，使其为正垂面，并与要表达的平面平行，在图 5-5 中，主视图上用箭头注出投影方向并标以字母"A"，这样在新投影面上的投影就能反映实形了。实形中原 Y 轴方向尺寸不变，斜视图与原来基本视图的尺寸关系如图 5-7 所示。

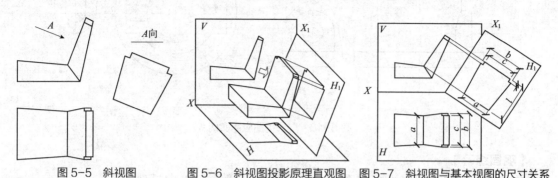

图 5-5　斜视图　　　图 5-6　斜视图投影原理直观图　　　图 5-7　斜视图与基本视图的尺寸关系

斜视图画出了沙发靠背的真实形状，左视图就可以省略不画了。当然，如果还有其他结构需要表达，左视图仍要画出，此时，靠背图形已不起反映形状的作用，而只是起到表达该结构位置的作用。

为了便于画图，常将斜视图旋转一定角度放正来画。放正画图时，视图与旋转角度大小和方向无关，不过这时要加注"旋转"两字，如"A 向旋转""B 向旋转"等。如图 5-8 所示为沙发斜视图。

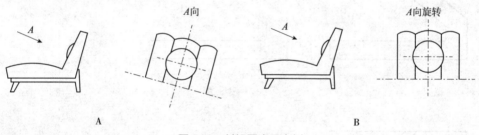

图 5-8　斜视图应用实例

三、局部视图

家具的某一部分向基本投影面投影所得的视图称为局部视图。与基本视图投影方向相同，但从表达需要出发只需画出基本视图的某一部分。如图 5-9 所示，带箭头的 A 即表示投影方向，在其旁边画的 A 向视图即为局部视图。由于图形较小，也可将其画得比基本视图大，如图采用了 1:2 的比例。局部视图中其他不需要表达的部分，可用折断线或波浪线断开以划出一个局部范围，如图 5-10A 所示；当要表达的形状为完整的封闭图形时，可省去折断线或波浪线，如图 5-10B 所示。局部视图和斜视图一样，视图的位置可以灵活安排，但尽可能靠近所要表达的部位，便于看图。

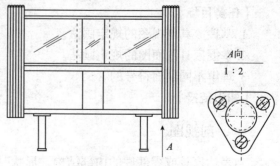

图 5-9　家具脚的局部视图

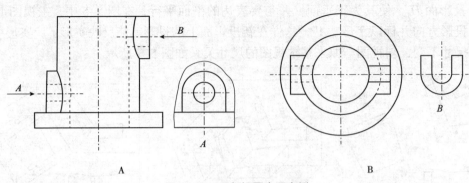

图 5-10　局部视图应用实例

【巩固练习】

在指定位置，画出 A 向斜视图、A 向斜视图旋转配置、B 向局部视图。

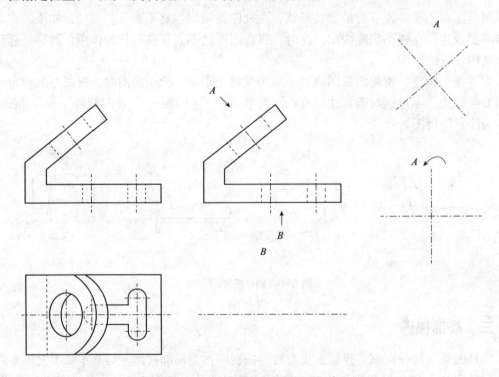

任务二　绘制剖视图和剖面图

【任务目标】

1. 掌握家具剖视图的规定画法。
2. 掌握家具剖面图的规定画法。
3. 理解不同剖面符号的含义。

【知识链接】

一、剖视图

当表达家具或零部件的内部结构、形状时，在视图上出现较多的虚线，给画图、看图带来很多不便，并容易造成看图的错误。为解决这一问题，可以用剖视图来表达。剖视图（简称剖视）是假想用剖切面剖开家具及其零部件，将处在观察者与剖切面之间的部分移去，而将其余部分向投影面进行投影所得的图形。

如图 5-11 所示，假想用一正平面 AA 剖开某零件，将前面部分移开后画出的主视图即为剖视图，从这个剖视图中就可以清楚地看到零件内部构造及榫孔尺寸。画剖视图时，在形体与剖切面相接触的剖面图形上画上剖面符号，以区分剖切到的表面与剖不到的剖切面后边的形体之间的空间关系。不同的材料剖面符号也不同，图 5-11 中表示的是木材。

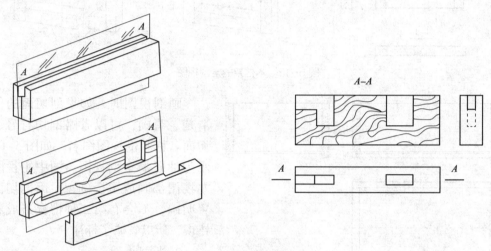

图 5-11 剖视图的由来

剖视图的表示方法是用两段粗实线表示剖切符号（长 6~8mm），标明剖切面位置，剖切符号尽量不与轮廓线相交。当剖视图不是画在相应的基本视图位置时，还要在剖切符号两端作一垂直短粗实线（长 4~6mm）以示投影方向。在剖视图上方写明剖视图图名"×-×"，剖视图图名要与剖切面名称相一致。

画剖视图时应注意以下几点：

（1）剖视图是一个假想的作图过程，因此一个视图画成剖视图后，其他视图仍要按照完整形体画出。

（2）画剖视图时，选择的剖切面一般与投影面平行，以便剖视图反映形体实形。对回转体画剖视图，剖切面一般都要通过回转轴线。

（3）画剖视图时，在剖切面后面的可见轮廓线也要画出，初学者常常忽略这一点而只画出与剖切面重合部分的图形。

（4）视图上一般不画虚线，以增加剖视图的清晰度，但若画出少量虚线可以减少视图数量，也可以画出必要的虚线。

剖视图有全剖视图、半剖视图、局部剖视图、阶梯剖视图和旋转剖视图之分。

1. 全剖视图

用一个剖切面完全地剖开家具或零部件后所得的剖视图称为全剖视图，简称全剖。图 5-12 为一木框架的剖视图，俯视图为 A-A 全剖视，由水平剖切平面 AA 剖切而得；左视图为 B-B 全剖视，是用 BB 侧平面剖切面剖切而得。图中剖到的部分是木材的横断面，用一对细实线对角线表示。

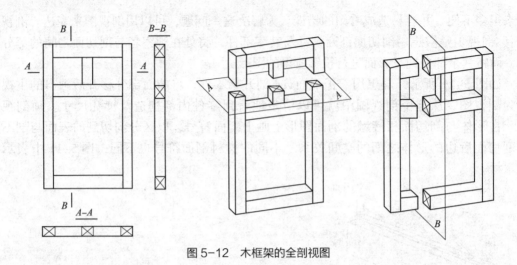

图 5-12　木框架的全剖视图

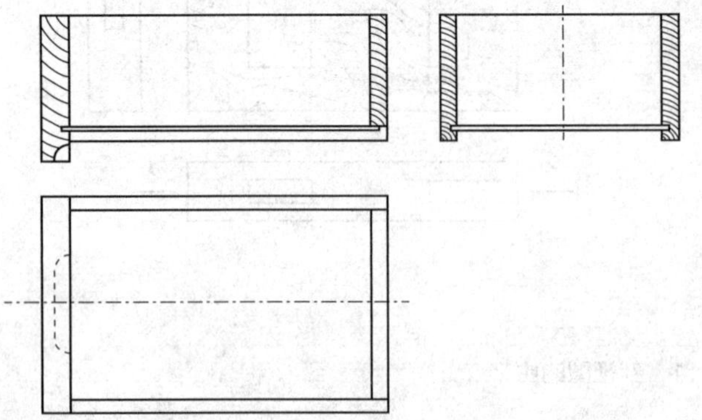

画剖视图时，如果剖切面的位置清楚、明确，可以省略剖切符号、剖切面名称和剖视图图名。如图 5-13 所示为抽屉的全剖视图。图中主视图和左视图都画成了全剖视，因剖切面位置明确，不会有第二种情况造成看图错误，所以省略了标注。

2. 半剖视图

当家具或零部件对称（或基本对称）时，在垂直于对称平面的投影面

图 5-13　省略标注的抽屉剖视图

上的投影可以以对称中心线为分界线，一半画成剖视图，另一半画成视图，这种组合的图形称为半剖视图，简称半剖。

半剖视图利用所画对象的对称特征，半剖视部分反映了形体内部结构形状，视图部分表达了形体外形，既减少了作图数量，又便于看图。

需要注意半剖面图中视图与剖面应以对称线（细点划线）为分界线，而不能画成实线；由于剖切前视图是对称的，剖切后在半个剖面图中已清楚地表达了内部结构形状，所以在另外半个视图中虚线一般不再出现；习惯上，当对称线竖直时，将半个剖面图画在对称线的右边；当对称线水平时，将半个剖面图画在对称线的下边。

半剖视图的标注方法与全剖视图相同，标注的省略件也与全剖视图相同。如果剖切平面的位置明显，不会造成任何误解，半剖视和全剖视一样一般可省略标注。但当物体不对称、剖切平面位置不同时就会造成剖视图不同，这时就要加以标注。

图 5-14 为一方凳的一组视图，其中主视图、左视图用半剖视，因为剖切面位置清楚，不会造成误解，剖切符号省略。但俯视图的半剖视就不同了，由于剖切面位置的高低不同，剖视的结果也将不同，所以标注了剖切符号。根据需要，A-A 剖切面是沿着凳面和脚架的接缝处剖切的，由于没有切到零件，剖视图上就不画剖面符号了。当被剖切掉的部分形体的形状也需要表示时，可用假想轮廓双点划线画出，以体现形体的完整性，如图 5-14 中的俯视图。

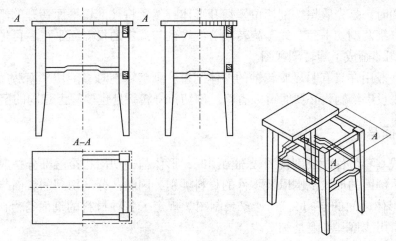

图 5-14 方凳的半剖视图

3. 局部剖视图

用剖切平面局部地剖开家具或零部件所得的剖视图就是局部剖视图，简称局部剖。画部剖视图时，剖切面的位置与剖切范围应根据实际绘图需要而定，剖开部分与未剖到部分用波浪线分开。波浪线不能与轮廓线重合，也不应超出视图的轮廓线，波浪线在视图孔洞处要断开。局部剖视图一般不再进行标注，如图 5-15 所示。

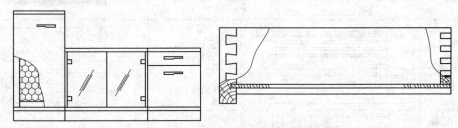

图 5-15 内部结构局部剖视应用实例

4. 阶梯剖视图

用两个或两个以上互相平行的剖切平面，剖开家具或其零部件所得到的剖视图称为阶梯剖视图，简称阶梯剖。如图 5-16 所示，餐具柜上面和下面内部结构都需要表达，这时用一个水平剖切平面就无法兼顾。图上就用了两个平行剖切平面，左边剖上面，右边剖下面，中间以双折线为界，A-A 图即为阶梯剖视图。

标注方法如图 5-16 所示，两个平行剖切平面位置剖切符号都用同一字母 A，在转弯处也要画上与之相垂直的粗实线段。

5. 旋转剖视图

用两个相交的剖切平面（交线垂直于某一个基本投影画）剖开家具或其零部件所得到的剖视图称为旋转剖视图，简称旋转剖。采用这种

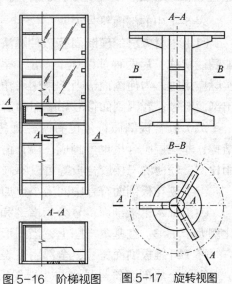

图 5-16 阶梯视图　　图 5-17 旋转视图

方法画剖视图时,是先假想按剖切位置切开形体,然后将被剖切平面切开的倾斜部分结构及其有关部分绕两剖切平面交线(旋转轴)旋转到与选定的投影面平行后再进行投影,图5-17中主视图即画成了旋转剖视图。

旋转剖一般用在具有明显旋转轴的形体剖视。画旋转剖时,剖切平面后面的其他结构一般仍按原来投影绘制,必要时可以省略。剖切符号转折处也要写上相同的字母。

二、剖面符号

当家具或其零部件画成剖视图或剖面图时,形体与剖切面相接触部分一般要画上剖面符号,以表示剖面的形状范围以及零件的材料类别,同时区分剖切到的表面与剖不到的剖切面后边的形体之间的空间关系。《家具制图》规定了各种材料的剖面符号画法,表5-1中剖面符号所用线型基本上是细实线。

表5-1　常用材料剖面符号

材料		剖面符号	材料	剖面符号
木材	横剖 方材		纤维板	
	横剖 板材		金属	
	纵剖			
胶合板			塑料 有机玻璃 橡胶	
刨花板			软质填充料	
细木工板	横剖		砖石料	
	纵剖			

表5-1中的剖面符号说明:

(1)木材方材的横断面有三种画法:第一种为对角线;第二种为年轮状线;第三种再加髓线状线。后两种都以徒手画出,若板材被剖切,其横断面只能用年轮状线条的画法。实际应用时,为使图面清晰常采用对角线法画出木材横断面剖面符号。木材纵剖时徒手画出剖面符号,若因剖面符号影响图面清晰,允许省略不画。

(2)胶合板剖面符号也有两种画法,其中斜线都与水平线成30°角。一般画成三层结构,非三层胶合板也可画成三层,但要注明总厚度和层数。在基本视图上,根据画图所用比例,较薄的三层胶合板等可以不画剖面符号。

(3)刨花板剖面符号中间为小点加短粗横线,徒手画出。

(4)细木工板剖面符号分为横剖和纵剖两种,横剖时每格大致接近方形,纵剖时矩形比例大于1∶3。在基本视图上,当图形比例较小时,可免画覆面板。

(5)纤维板剖面符号,全部用点表示。

(6)金属剖面符号是由与主要轮廓线呈45°倾斜相互平行的细实线组成,当剖面图形厚度小于或等于 2mm 时，可涂黑表示。

（7）塑料、有机玻璃、橡胶的剖面符号用 45°斜方格表示。

（8）软质填充料，包括泡沫、棉花、织物等的剖面符号，在 45°斜方格中加上一点来表示，至于具体材料名称则用文字依次注明，如图 5-18 所示。

（9）砖石料剖面符号为大小不一的三角形，徒手画出。

当要画剖面符号的图形面积较大或较长时，为节省画图时间，同时使图形清晰，可以在两端只画出部分剖面符号以简化图形，如图 5-19 所示。

为了表达家具所用材料的种类，在家具制图中虽然一些零部件没被剖到，也采用一些图例或符号表达，如图 5-20 所示的玻璃、镜子、网纱，左边是图例，右边是剖面符号。

除了一些常用的图例外，《家具制图》中还规定了一些图例及其示意画法，如图 5-21 所示的竹编、藤织，上面是图例，下面是剖面符号。弹簧示意的是压簧、拉簧和舌簧。

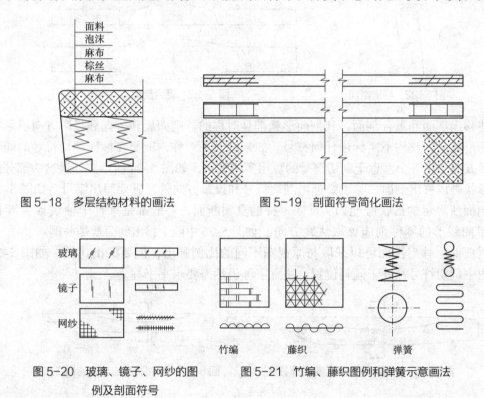

图 5-18　多层结构材料的画法　　图 5-19　剖面符号简化画法

图 5-20　玻璃、镜子、网纱的图　　图 5-21　竹编、藤织图例和弹簧示意画法
　　　　　例及剖面符号

三、剖面图

假想用剖切平面将家具的某部分切断，仅画出被剖切到的断面形状，称为剖面图，简称剖面。剖面按其图形的位置分为移出剖面和重合剖面两种。

1. 移出剖面

剖面图形画在视图轮廓线外面的称为移出剖面，如图 5-22 所示。在桌腿的上部和下部都用垂直于桌腿轴线的剖切平面剖切桌腿，将剖面旋转 90°移到轮廓线外画出，即为移出剖面。移出剖面的轮廓线用实线表示，并尽量配置在剖切符号或剖切平面迹线的延长线上，也可画在其他适当位置。剖切位置可用点划线表示，当移出剖面画在剖切平面迹线的延长线上时，可省去剖切符号和剖面名称。

2. 重合剖面

剖面图形画在剖切平面迹线处，并与视图重合的称为重合剖面。重合剖面的轮廓线用细实线绘制。如图 5-23 所示，一个拉手的两个视图，其中间部分和两边都画出了剖面，是经旋转 90° 后画在轮廓线内部的重合剖面。

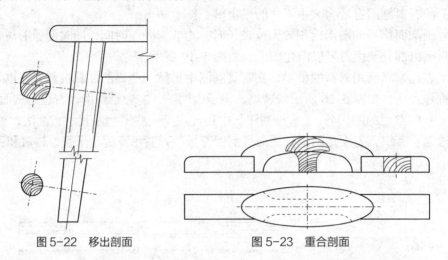

图 5-22　移出剖面　　　　　　图 5-23　重合剖面

上述移出剖面和重合剖面，其剖面形状都是对称的，剖面旋转方向和投影方向不影响所画剖面形状，因此均不需标注任何符号。如果剖面不对称，就要在标注剖切符号的同时标出投影方向，用一个垂直于剖切符号的短粗实线表示，如图 5-24 所示。如果这一部分的横断面形状画成移出剖面，除了要标出剖切符号和投影方向外，还要写出字母，如图 5-25 所示。剖面所显示的形状应能如实反映零件的真实断面，一般都是垂直于轴线或主要棱线。对于曲线形的零件则应该取法线方向。如图 5-26 中两个移出剖面就是一例。

当需要时，移出剖面可以采取与原视图不同的比例画出，但要标出比例，如图 5-27 所示。图中剖切符号都处于倾斜位置，注意字母仍然需要水平书写。

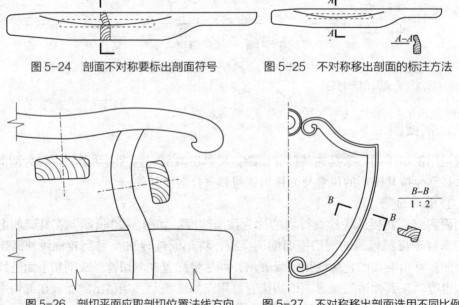

图 5-24　剖面不对称要标出剖面符号　　　　图 5-25　不对称移出剖面的标注方法

图 5-26　剖切平面应取剖切位置法线方向　　图 5-27　不对称移出剖面选用不同比例

对于形状较复杂的零件，常常要用一系列的剖面才能表示清楚各部分断面形状，如图 5-28 所示的扶手。这时剖切位置要注意选择，一般应在一些特殊位置，如最大处、最小处、转折处。如不够，再用相同距离增补若干剖面。如图中先距左端 180mm 处作一重合剖面，再以 90mm 相同距离连作三个重合剖面。同一图中，如剖面不对称，投影方向应一致。

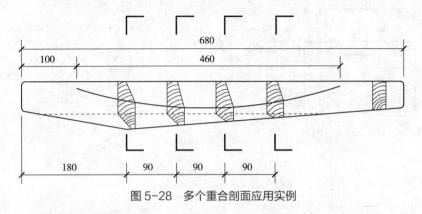

图 5-28　多个重合剖面应用实例

在家具表面雕刻线条形状及其深浅表示中，常用到重合剖面，如图 5-29 所示，这时只需画出表面凹凸形状，后面省略，不用画轮廓线。

上述剖切面都是采用平面，对于个别家具的某些结构形状还需要另一种剖切面，这就是柱面剖切面，如图 5-30 中 A-A。画柱面剖切得到的剖面要使柱面展开成平面，因此剖面图是展开后的剖面图形。它的图名除 A-A 外，还应在下面写上"展开"二字，中间以横线分开。

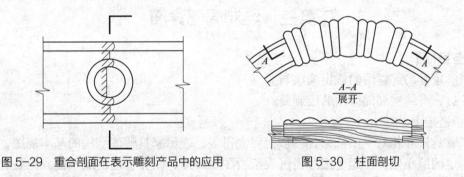

图 5-29　重合剖面在表示雕刻产品中的应用　　图 5-30　柱面剖切

【巩固练习】

1. 将下图的左视图改为剖视图。

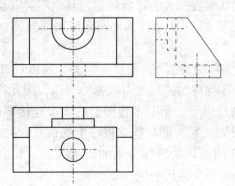

2. 求第三视图并画成剖视图。

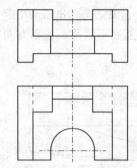

3. 绘制 A-A 的阶梯剖视图。

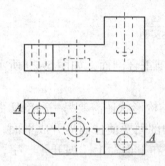

任务三　绘制局部详图

【任务目标】
1. 了解家具局部详图的规定画法与要点。
2. 掌握家具结构局部详图的绘制要点。

【知识链接】
由于家具尺寸相对于图纸来说一般都要大得多，表示家具整体结构的基本视图，必然要采用一定的缩小比例，避免因画得过大给看图、画图、图样管理造成不便。但是对于家具的结合部分，一些显示装配连接关系的部分，却因缩小了比例在基本视图上无法画清楚或因线条过密而不清晰。为解决这一矛盾，就采用画局部详图的方法表达，即把基本视图中要详细表达的某些局部，用比基本视图大的比例画出，其余不必要详细表达的部分用折断线断开，这就是局部详图。如图 5-31 所示，局部详图可画成视图、剖视、剖面，其中剖视最为常见。

由于家具产品的结构特点，零部件之间的连接点很多，所以局部详图在家具结构配图中应用广泛。在家具产品中，零部件的连接点习惯称为节点，因此把局部详图称为节点图。节点图往往不止一个，特别是属于一个基本视图上的多个连接部位都要画局部详图，要注意使各详图之间有一定的投影关系，即与基本视图上的位置保持一致，以便于看图，不要随意安排详图位置。局部详图边缘断开部分画的折断线，一般应画成水平和垂直方向，并略超出轮廓线外。空隙处则不要画折断线。

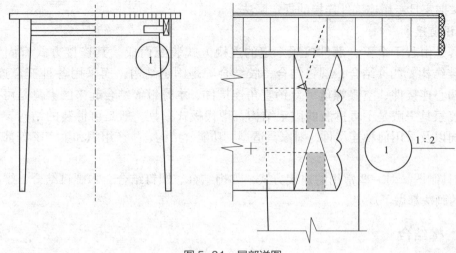

图 5-31　局部详图

局部详图必须清晰标注，使读图者能根据标注很快找到局部详图在原图形中的位置，同样可通过原图形知道哪些局部有详细的放大图，并且知道相应的局部详图位置。局部详图标注要求是在视图中被放大部位的附近，应画直径为 8mm 的实线圆圈作为局部详图索引标志，圈中写上数字，同时在相应的局部详图附近画上直径 12mm 的粗实线圆圈，圈中写上同样的数字作为局部详图的标志。粗实线圆的右边中间画一水平实线，上面加注局部详图所用比例，如图 5-32 所示。

局部详图画法一般与基本视图上某局部完全相同。如都画成剖视或都是外形。必要时，局部详图还可采用多种形式出现，如基本视图某局部是外形，局部详图可以画成剖视。此外，即使基本视图上没有，也可以画出其局部详图，这就是以局部剖视形式出现的详图，如图 5-33 所示，画图时要注意必须标出详图所用比例。

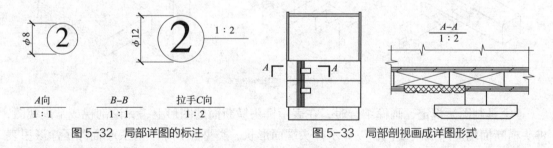

图 5-32　局部详图的标注　　　　图 5-33　局部剖视画成详图形式

【巩固练习】
1. 按规定画法绘制实木家具结构连接处的局部详图。
2. 按规定画法绘制板式家具结构连接处的局部详图。

任务四　学习家具常用连接的规定画法

【任务目标】
1. 掌握榫结合的规定画法。
2. 掌握圆钉、木螺钉和螺栓连接规定画法。

3. 掌握家具专用连接件连接的规定画法。

【知识链接】

家具是由若干个零、部件按照一定的连接方式装配而成,其连接方式有固定结构和可拆装结构。如榫结合、圆钉结合、胶结合等是固定结构;而采用各种五金连接件,如金属偏心连接件、空心螺丝、双销直角连接件、木螺钉等结合起来的家具是可拆装结构。传统家具一般是不可拆装的固定结构,现代板式家具一般是可拆装的结构。连接方式的不同以及采用何种连接件,对家具造型、功能、结构、生产组织和生产率等都有很大影响。

《家具制图》对一些常用的连接方式,如榫结合、圆钉结合、木螺钉结合、螺栓结合等连接的画法都做了规定。

一、榫结合

榫结合是指将榫头插入榫眼的一种连接方式,榫接合时常施胶加固,以提高接合强度。根据榫头与零件主体是否分离,榫分为整体榫和插入榫。整体榫指榫头直接在工件上加工而成;插入榫为榫头与工件分离,单独加工而成。直角榫、燕尾榫为整体榫,圆榫为插入榫,榫头形式多种多样,但都是由这三种类型演变而成。图5-34中从左至右依次为直角榫、燕尾榫和圆棒榫的投影图和直观图。

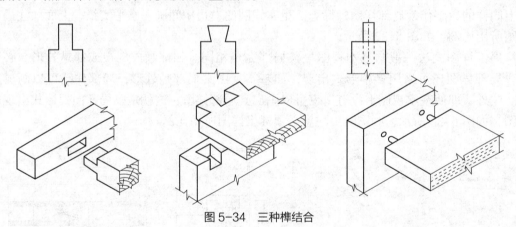

图5-34 三种榫结合

《家具制图》规定,画榫结合时,在表示榫头横断面的图形上,无论剖视或常规视图,榫头横断面均应涂成淡墨色,以显示榫头端面形状、类型和大小。榫头端面除了涂淡墨表示外,也可用一组不少于三条的细实线表示,榫端面细实线应画成平行于榫端长边的长线,如图5-35中A-A所示。画榫结合时,为保持图形清晰,木材常用相交细实线表示,而不用画木材纹理表示。

图5-36是一脚架,望板与脚的结合采用的是闭口不贯通榫结合。也可以采用半闭口不贯通榫结合,如图5-37所示。注意涂灰部分只在榫端,半榫部分不涂灰。

根据榫结合的技术要求,为提高结合强度,当开榫零件断面尺寸大于40mm×40mm时,应采用横向双榫结合;当榫头宽度大于60mm时,应采用横向或纵向双榫结合,画法如图5-38和图5-39所示。

采用圆榫结合时,表示方法如图5-40所示,注意图中圆榫端部同样涂上淡墨色或用一组不少于三条的细实线表示。

项目五 家具图样图形表达方法 073

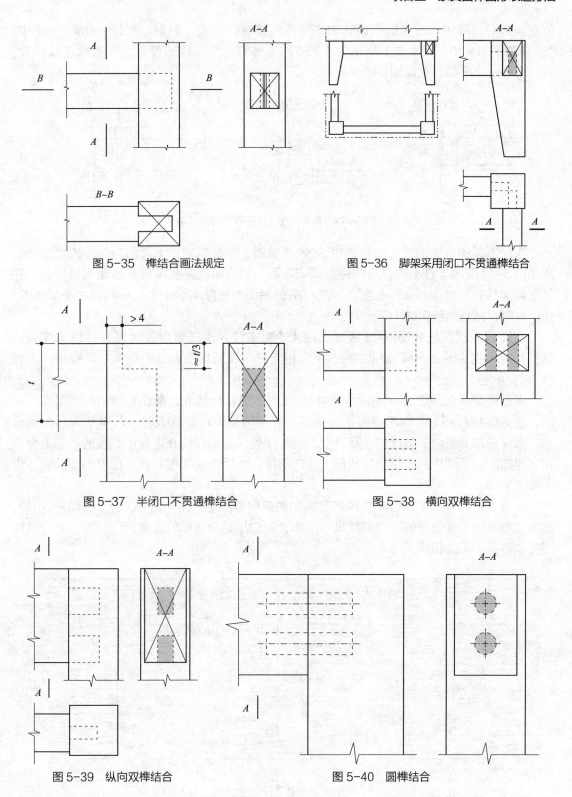

图 5-35 榫结合画法规定　　　　　　图 5-36 脚架采用闭口不贯通榫结合

图 5-37 半闭口不贯通榫结合　　　　图 5-38 横向双榫结合

图 5-39 纵向双榫结合　　　　　　　图 5-40 圆榫结合

二、圆钉、木螺钉和螺栓连接规定画法

《家具制图》规定，在基本视图中，圆钉、木螺钉和螺栓等连接件可用细实线表示其

位置。必要时可用带箭头的引出线加文字注明连接件名称、数量、规格。如图5-41中，"8-木螺钉4×30"即为8个规格为4×30的木螺钉。引出线的箭头一端指向连接位置，另一端画一水平线，上面加注说明。

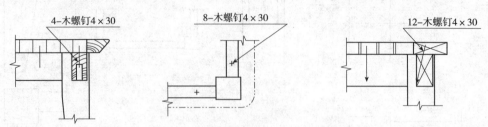

图5-41 基本视图上连接件的表示方法

在局部详图或比例较大的视图中，《家具制图》标准规定了不同的画法。圆钉连接画法如图5-42所示。钉头和钉身均用粗实线表示，钉头短线画在零件表面轮廓线里面，并靠近轮廓线，长度接近实际长度，可见钉头的视图画成细实线十字，中间画一小黑圆点，相反方向视图只画细实线十字。

木螺钉连接画法如图5-43所示。用45°粗实线等腰三角形表示钉头，粗虚线表示钉身；可见钉头的视图画成粗实线十字，相反方向视图在画有细实线十字基础上，再画45°相交的粗实线十字。

螺栓连接画法如图5-44所示。用粗虚线表示螺栓杆部分，螺栓头部用一短粗实线表示，注意螺栓杆部分粗线不得超出。垫圈、螺母均用短粗实线表示，其中垫圈线画得长些，螺栓杆部分粗线要画成越出螺母线。可见螺栓头部的视图在定位中心线的基础上画一粗实线圆圈，圆圈中间再用粗实线画一45°斜线；相反方向视图只在定位中心线处画一粗实线正方形。

注意上述圆钉、木螺钉和螺栓规定画法的应用范围是采用1:1或较大比例时使用的，基本视图不用。画图时虽不强调其尺寸大小，但应尽量与实际尺寸接近。另外，无论是视图还是剖视，画法相同。

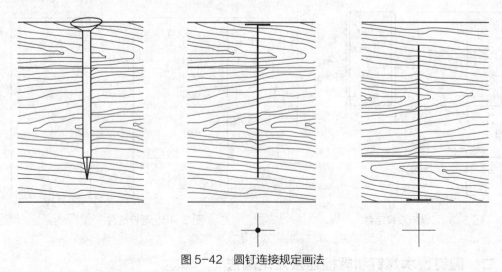

图5-42 圆钉连接规定画法

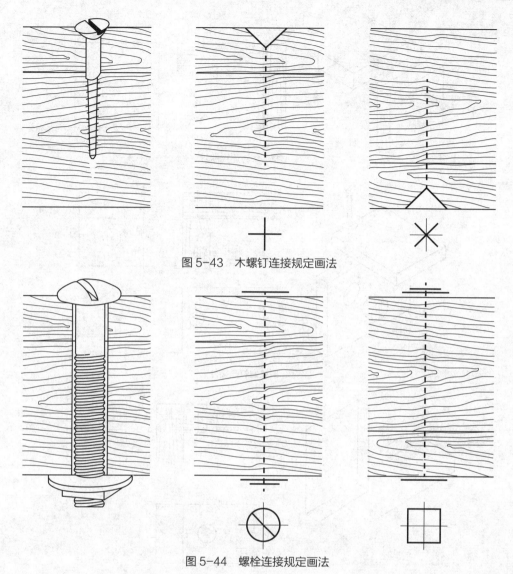

图 5-43 木螺钉连接规定画法

图 5-44 螺栓连接规定画法

三、家具专用连接件连接的规定画法

家具专用连接件近年来发展迅速，随着板式家具可拆连接和自装配式家具的兴起，家具的专用连接件越来越多。这里介绍的几种可拆连接件画法只是《家具制图》中已作出规定画法的少数几种，如图 5-45 所示，对于新出现的连接件，其画法可参照标准已有画法的规定简化画出，再附以必要的文字说明。

《家具制图》中规定的连接件连接画法，都是在局部详图中使用的简化画法，基本视图上的画法可参考圆钉、木螺钉的画法规定，即用细实线引出加文字说明。生产实践当中常将连接件在图样上示意表示，重在连接孔位的设计与制图。

杯状暗铰链是家具上常用的活动连接件，现代家具生产中广泛使用。对于杯状暗铰链可按图 5-46 画法。图 5-45 中列出了两种，其外形简化，固定或调节用的螺钉位置要画出。图中右边较小的是在基本视图上的画法，其更为简化，仅是示意图，如要说明是哪一种，则要引出线加上文字说明型号、规格等。画其他各种不同杯状暗铰链时就可按以上简化原则来画。

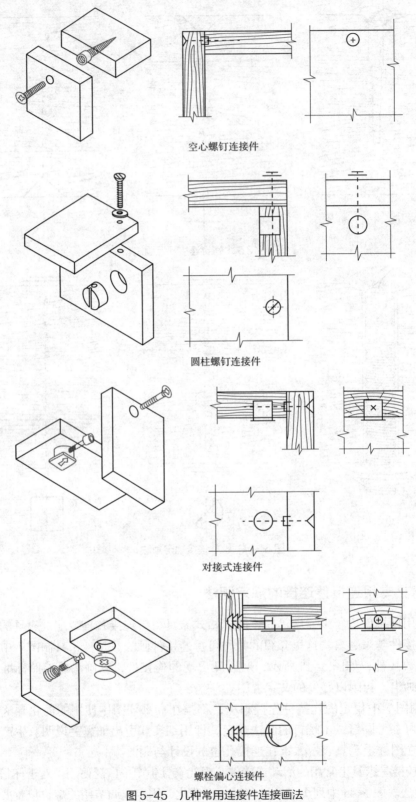

图 5-45 几种常用连接件连接画法

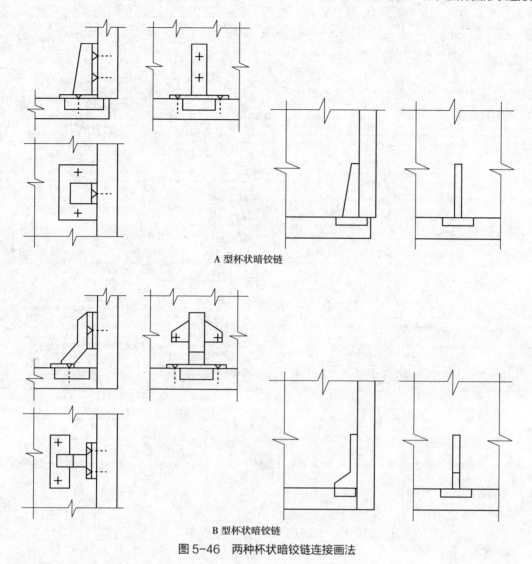

A 型杯状暗铰链

B 型杯状暗铰链

图 5-46 两种杯状暗铰链连接画法

【巩固练习】
1. 按规定画法绘制榫接合、圆榫结合。
2. 按规定画法绘制圆钉、木螺钉和螺栓连接。

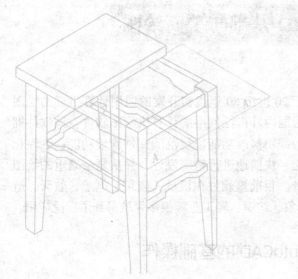

模块二

AutoCAD 制图基础与实操

项目六　AutoCAD 基础与平面绘图
项目七　编辑二维图形
项目八　注释工具与正等测图绘制
项目九　AutoCAD 家具制图实例

项目六 AutoCAD 基础与平面绘图

AutoCAD 软件是由美国 Autodesk 公司于 20 世纪 80 年代初开发的通用计算机辅助绘图与设计软件包，经过不断完善，目前已成为国内外广泛使用的计算机绘图软件。该软件拥有强大的二维、三维绘图功能，灵活方便的编辑修改功能，规范的文件管理功能，人性化的界面设计等。利用它，设计人员可以轻松、快捷地进行精确设计，并从复杂繁重的绘图工作中解放出来，节省出更多时间用于设计。目前该软件在机械、建筑、电子、航天、造船、石油化工、土木工程、冶金、农业、气象、纺织、轻工业等很多领域得到了广泛应用。

任务一 学习 AutoCAD 的基础操作

【任务目标】
1. 了解 AutoCAD 的工作界面。
2. 掌握图形文件的基本操作。

【知识链接】

一、工作界面

工作界面也称工作窗口，是用户设计工作区，包括用于设计和接收信息的基本组件。当 AutoCAD 安装成功后，即首次启动 AutoCAD 时，默认的界面如图 6-1 所示。此界面为初始设置工作界面，主要由标题栏、菜单栏、功能区、绘图窗口、命令窗口、状态栏等部分组成。

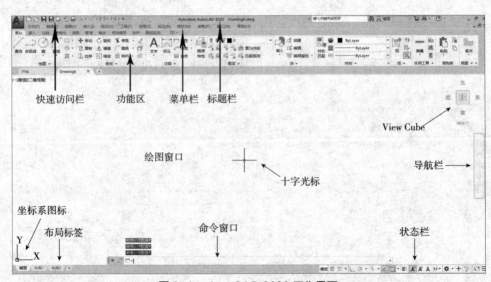

图 6-1　AutoCAD 2020 工作界面

1. 标题栏

标题栏在绘图窗口的最上端，与其他 Windows 应用程序类似，用于显示 AutoCAD 2020 的程序图标以及当前图形文件的名称。用户第一次启动 AutoCAD 时，在标题栏中将显示 AutoCAD 在启动时创建并打开的图形文件的名称 Drawing1.dwg。

2. 菜单栏

单击快速访问工具栏中的按钮，在打开的下拉菜单中选择"显示菜单栏"选项，在功能区的上方显示菜单栏，如图 6-2 所示。同其他 Windows 程序一样，AutoCAD 菜单栏也是下拉形式的，并在菜单中包含子菜单，如图 6-3 所示。AutoCAD 的菜单栏包含"文件""编辑""视图""插入""格式""工具""绘图""标注""修改""参

图 6-2 "显示菜单栏"选项

图 6-3 下拉菜单栏

数""窗口""帮助"等 12 个菜单，这些菜单几乎包含 AutoCAD 的所有绘图命令。

3. 功能区

功能区是在 AutoCAD 2009 版本以后，新推出的一个概念。功能区把命令组织成一组"选项卡"，每一组包含了相关的命令。在默认情况下，功能区包括"默认""插入""注释""参数化""视图""管理""输出"等选项卡，每个选项卡集成了相关的操作工具，方便用户使用。如"默认"选项卡，包含绘图、修改、注释、图层、块等面板，如图 6-4 所示。把鼠标光标移动到某个命令图标，稍停片刻即在该图标右侧显示相应的工具提示。此时，单击图标可以启动相应命令。

图 6-4 AutoCAD 功能区

4. 绘图窗口

绘图窗口为屏幕的主要区域，类似于手工绘图时的图纸，是用户使用 AutoCAD 绘制图形的区域，设计图形的主要工作都是在绘图区中完成的。

当光标位于 AutoCAD 的绘图窗口时为十字形状，所以又称十字光标。十字线的交点为光标的当前位置。AutoCAD 的光标用于绘图、选择对象等操作。

坐标系图标通常位于绘图窗口的左下角，表示当前绘图所使用的坐标系的形式以及坐标方向等。AutoCAD 提供世界坐标系（WCS）和用户坐标系（UCS）两种坐标系，默认坐标系为世界坐标系。

5. 命令窗口

命令窗口是输入命令和显示命令的区域。默认的命令行窗口位于绘图区下方，为若干

正在重生成模型。
AutoCAD 菜单实用工具 已加载。
命令:
命令:
命令:
命令: <栅格 关>
命令:
命令:
命令: _HELP
命令: *取消*
命令: C
CIRCLE
指定圆的圆心或 [三点(3P)/两点(2P)/切点、切点、半径(T)]:
指定圆的半径或 [直径(D)]: 30

图 6-5　文本窗口

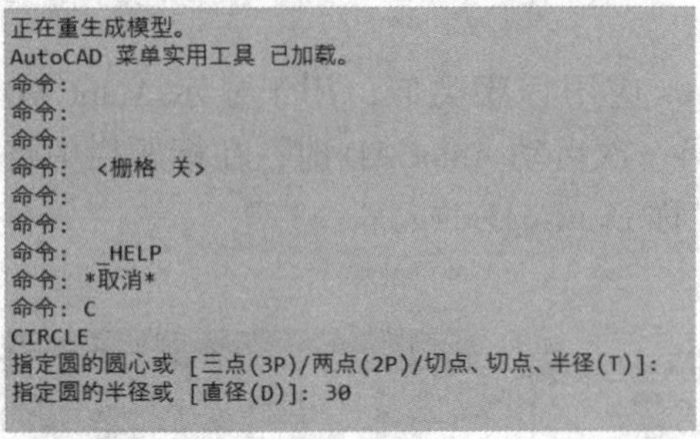

文本行。移动拆分条可以扩大与缩小命令行窗口，拖拽命令行窗口可以将其放置在屏幕上的其他位置。对当前命令行窗口中输入的内容，可以按 F2 键用文本编辑的方法进行编辑，如图 6-5 所示。AutoCAD 的文本窗口和命令行窗口相似，可以显示当前 AutoCAD 进程中命令的输入和执行过程，在 AutoCAD 中执行某些命令时，会自动切换到文本窗口，列出有关信息。AutoCAD 通过命令行窗口反馈各种信息，包括出错信息。因此，用户要时刻关注命令行窗口中出现的信息。

6. 状态栏

状态栏位于屏幕的底部，用于显示或设置当前的绘图状态，如图 6-6 所示。状态栏上位于左侧的一组数字反映当前光标的坐标，其余按钮分别表示当前是否启用了栅格显示、捕捉模式、正交模式、极轴追踪、对象捕捉追踪、二维对象捕捉等功能以及是否显示线宽、当前的绘图空间等信息。单击这些开关按钮，可以实现对应功能的开启和关闭。同时利用键盘上的功能键也可以控制，如 F3 对象捕捉、F7 栅格、F8 正交、F9 捕捉、F10 极轴、F11 对象追踪等。用户还可以通过点击“自定义”按钮，更加方便地控制状态栏中显示的工具。

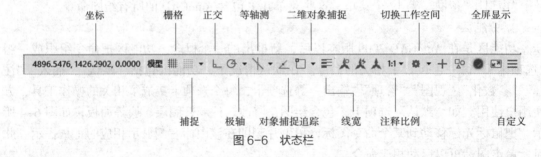

图 6-6　状态栏

状态栏常用工具说明：

栅格：栅格是按照设置的间距显示在图形区域中的小正方形，能提供直观的距离和位置的参照，类似于坐标纸中方格的作用。

捕捉：捕捉使光标只能停留在图形中指定的点上，这样就可以很轻松地将图形放置在特殊点上，便于以后的编辑工作。在状态栏中的“捕捉”或“栅格”按钮上右击，打开“草图设置”对话框。该对话框的“捕捉和栅格”选项卡用来设置栅格和捕捉的类型与参数，如图 6-7 所示。在绘图中，一般只需要设置栅格和捕捉的间距，为了方便绘图，将两者的间距设置为相同的数值。

正交：打开正交模式，光标限制在水平和垂直方向上移动，绘制出的直线只能是水平线和垂直线。

极轴：打开极轴功能，光标会按照设定的极轴方向移动，AutoCAD 将在该方向上显示一条追踪辅助线，在“草图设置”对话框中，选择“极轴追踪”选项组，可以对极轴追踪进行设置。

对象捕捉：当绘制几何图形时，对象捕捉是非常有用的工具。圆心，直线的端点、中点、交点、最近点等都是精确作图时希望捕捉到的点。在状态栏中的“对象捕捉”按钮上

项目六　AutoCAD 基础与平面绘图　083

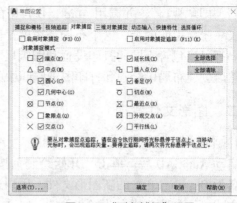

图 6-7 "捕捉和栅格"设置　　　　图 6-8 "对象捕捉"设置

右击，打开"草图设置"对话框，选择"对象捕捉"选项组，可以对捕捉对象进行设置，如图 6-8 所示。

对象捕捉追踪：打开"对象捕捉追踪"，通过捕捉对象上的捕捉点，沿正交方向或极轴方向拖动光标，系统将显示光标当前的位置与捕捉点之间的相对关系，可以快捷地找到符合要求的点。

线宽：画图时可以为图层或图形单体设置不同的线型和宽度。需要显示线的宽度时，点击这个按钮；不需要显示时，再次点击关掉该按钮。

7. 导航栏

导航栏默认显示在绘图窗口的右侧。在 AutoCAD 2020 中，默认的导航栏中包含以下几个工具。

全导航控制盘：提供对通用和专用工具的访问，可供熟练的三维用户访问。

平移工具：平行于屏幕移动图形的工具。

缩放工具：通过缩放工具以最大范围显示当前视图。

动态观察：可在三维空间中旋转视图，但仅限于观察。

> **小贴士**
>
> **鼠标中键的快捷操作**
> 平移：按住鼠标中键拖动。
> 放大：向前滚动鼠标中键。
> 缩小：向后滚动鼠标中键。
> 全图显示：双击鼠标中键。

8. 布局标签

布局标签默认显示在图形窗口的底部。AutoCAD 系统默认设定一个"模型"空间布局标签和"布局 1""布局 2"两个图纸空间布局标签。一般默认状态是模型空间，如果需要转换到图纸空间，只需要点击相应的布局选项卡即可。通过点击选项卡可以方便实现模型空间和图纸空间的切换。

模型空间就是平常绘制图形的区域，它具有无限大的图形区域，就好像一张被无限放大的绘图纸。在图纸空间内，可以布置模型选项卡上绘制平面图形或者三维图形的多个

"快照",即"视口",并调用 AutoCAD 自带的所有尺寸图纸和已有的各种图框。一个布局就代表一张虚拟的图纸,这个布局环境就是图纸空间。可以创建多个布局并自行命名,每个布局都可以包含不同的打印设置和图纸尺寸。通常情况下,先在模型空间创建和设计图形,然后创建布局以绘制和打印图纸空间中的图形。

二、图形文件管理

1. 创建新图形文件

启动 AutoCAD 后,单击"开始绘制"按钮可开始绘制新图形。这时系统会自动新建一个名为 Drawing1.dwg 的新图形文件,用户还可以通过以下方式创建新图形:

方式一:在菜单栏中选择"文件"→"新建"。
方式二:单击菜单浏览器,选择"新建"→"图形"。
方式三:单击快速访问栏中的"新建"按钮。
方式四:在命令行输入 New,按 Enter 键;或直接输入快捷键组合"Ctrl+N"。

执行以上创建命令后,系统将打开如图 6-9 所示的"选择样板"对话框,从文件列表中选择所需的样板,单击"打开"按钮,即可创建一个基于该样板的新图形文件。默认选择 acadiso 样板文件。

2. 打开图形文件

启动 AutoCAD 后,可以通过下列方式打开图形文件:

方式一:在菜单栏中选择"文件"→"打开"。
方式二:单击菜单浏览器,选择"打开"→"图形"。
方式三:单击快速访问栏中的"打开"按钮。
方式四:在命令行中输入 Open,按 Enter 键;或直接输入快捷键组合"Ctrl+O"。

执行以上打开命令后,系统会打开如图 6-10 所示的"选择文件"对话框。在该对话框的文件列表框中选择需要打开的图形文件,右侧的"预览"框中将显示出该图形的预览图像。在默认的情况下,打开的图形文件的格式都为".dwg"格式。图形文件可以以"打开""以只读方式打开""局部打开"和"以只读方式局部打开"4 种方式打开。如果以"打开"和"局部打开"方式打开图形,可以对图形文件进行编辑;如果以"以只读方式打开"和"以只读方式局部打开"方式打开图形,则无法对图形文件进行编辑。

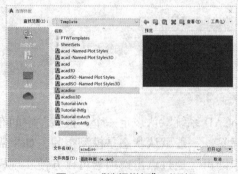

图 6-9 "选择样板"对话框

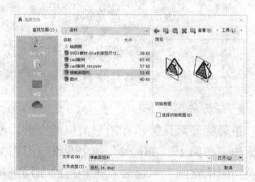

图 6-10 "选择文件"对话框

3. 保存图形文件

完成图形的编辑工作,或者保存阶段性的成果,要对图形文件进行保存。可以直接保存,也可以更改名称后另存为一个文件。

可以通过下列方式保存新建的图形文件:

方式一:在菜单栏中选择"文件"→"保存"。

方式二:单击菜单浏览器,选择"保存"。

方式三:单击快速访问栏中的"保存"按钮。

方式四:在命令行输入 Save,按 Enter 键;或直接输入快捷键组合"Ctrl+S"。

在第一次保存创建的图形时,系统将打开"图形另存为"对话框,在"保存于"下拉列表中指定文件保存的文件夹,在"文件名"文本框中输入图形文件的名称,在"文件类型"下拉列表中选择文件的类型,然后单击"保存"按钮即可。

对于已保存的图形,可以更改名称保存为另一个图形文件。先打开该图形文件,然后通过下列方式换名保存:

方式一:在菜单栏中选择"文件"→"另存为"。

方式二:单击菜单浏览器,选择"另存为"。

方式三:单击快速访问栏中的"另存为"按钮。

方式四:在命令行输入 Save,按 Enter 键;或直接输入快捷键组合"Ctrl+Shift+S"。

执行以上另存为命令后,系统同样将打开"图形另存为"对话框,如图 6-11 所示,设置需要的名称及其他选项后保存即可。

图 6-11 "图形另存为"对话框

4. 关闭图形文件

操作结束后,可以通过以下方式关闭 AutoCAD:

方式一:单击标题栏中"关闭"按钮。

方式二:菜单栏中选择"文件"→"退出"。

方式三:单击菜单浏览器,选择"退出 AutoCAD"。

方式四:在命令行输入 Quit 或 Exit,按 Enter 键;或直接输入快捷键组合"Ctrl+Q"。

执行关闭操作后,如果当前图形没有保存,系统将弹出 AutoCAD 警告对话框,询问是否保存文件。此时,单击"是"按钮或直接按 Enter 键,可以保存当前图形文件并将其关闭;单击"否"按钮,可以关闭当前图形文件但不保存;单击"取消"按钮,取消关闭当前图形文件操作,既不保存也不关闭。

如果当前所编辑的图形文件没有命名,那么单击"是(Y)"按钮后,AutoCAD 会打开"图形另存为"对话框,要求确定图形文件存放的位置和名称。

【巩固练习】

1. 打开 AutoCAD 软件,说明界面各部分名称及作用,并演示其基本操作。
2. 新建一个 AutoCAD 文件,保存为".dwg"文件,命名为"图1"。

任务二　学习绘图基本设置与图纸输出

【任务目标】
1. 了解操作界面的设置。
2. 掌握绘图坐标及表达方式。
3. 掌握图层设置的方法。
4. 掌握打印图形的方法。

【知识链接】

一、操作界面设置

在使用 AutoCAD 绘图前，经常需要对绘图环境的某些参数进行设置，这些参数的设置将使用户在进行设计工作时更加得心应手，符合个人习惯。

1. 显示设置

"显示"选项卡用于控制 AutoCAD 窗口外观，可对屏幕菜单、滚动条显示与否、固定命令行窗口中文字行数、AutoCAD 的版面布局、各实体显示分辨率以及 AutoCAD 运行时其他各项性能参数等进行设置。

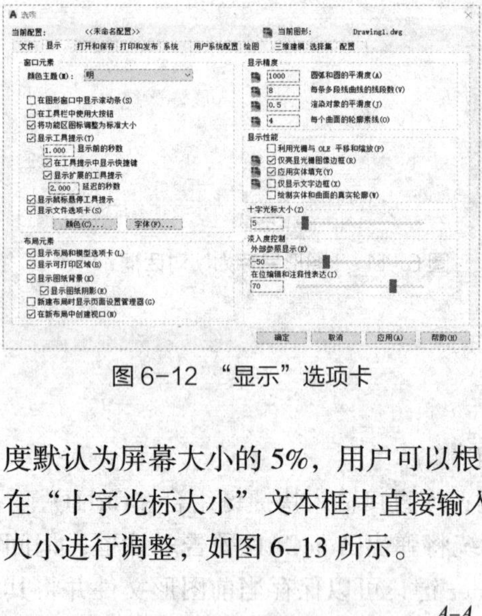

打开方式如下：

方式一：在命令行输入 Preferences。

方式二：在菜单栏中选择"工具"→"选项"。

方式三：在绘图区单击鼠标右键，系统弹出快捷菜单，选择"选项"。

执行上述命令后，系统自动打开"选项"对话框，如图 6-12 所示，用户可以在该对话框中选择"显示"选项卡，即可进行设置。

图 6-12　"显示"选项卡

修改图形窗口中十字光标的大小：光标的长度默认为屏幕大小的 5%，用户可以根据绘图的实际需要更改大小。选择"显示"选项卡，在"十字光标大小"文本框中直接输入数值，或者拖拽文本框后的滑块，可对十字光标的大小进行调整，如图 6-13 所示。

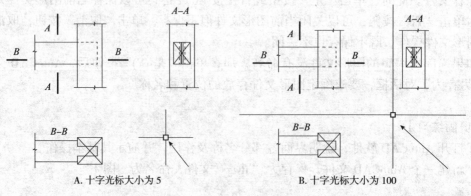

A. 十字光标大小为 5　　　　　　　B. 十字光标大小为 100

图 6-13　十字光标大小对比

修改绘图窗口的颜色：在默认情况下，AutoCAD 的绘图窗口是黑色背景、白色线条，用户可以根据绘图的需要更改窗口颜色。选择"显示"选项卡，单击"窗口元素"选项组中的"颜色"按钮，打开如图 6-14 所示的"图形窗口颜色"对话框。单击该对话框中"颜色"下的下拉箭头，在打开的下拉列表中选择需要的窗口颜色，然后单击"应用并关闭"按钮，此时 AutoCAD 的绘图窗口变成了所选择的背景色，通常按视觉习惯选择白色为窗口颜色。

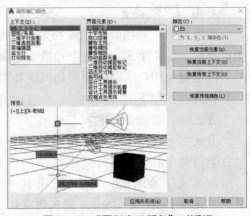

图 6-14　"图形窗口颜色"对话框

2. 绘图单位及角度设置

在使用 AutoCAD 时，用户经常在开始绘图前打开"图形单位"对话框来设置绘图时使用的长度单位、角度单位以及单位的显示格式和精度等参数。

打开方式如下：

方式一：在命令行输入 Ddunits 或 Units。

方式二：在菜单栏中选择"格式"→"单位"。

执行上述命令后，弹出"图形单位"对话框，如图 6-15 所示。在"长度"选项组中可以设置长度单位的类型和精度，默认长度单位为毫米；在"角度"选项组中可以设置角度单位的类型和精度；"用于缩放插入内容的单位"下拉列表框，用于设置设计中心向图形中插入图块时，如何对块及内容进行缩放。各选项代表了插入所代表的单位，一般选择"无单位"选项，不对块进行比例缩放而采用原始尺寸插入。

在"图形单位"对话框中，单击"方向"按钮，可以利用打开的"方向控制"对话框设置起始角度（0°）的方向，如图 6-16 所示。默认情况下，角度的 0° 方向是指向右（即正东或 3 点钟）的方向。逆时针方向为角度增加的正方向。在"方向控制"对话框中，当选中"其他"单选按钮时，可以单击"拾取角度"按钮，切换到图形窗口中，通过拾取两个点来确定基准角度的 0° 方向。

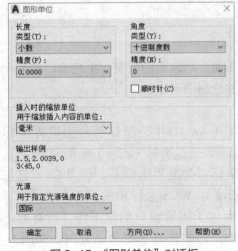

图 6-15　"图形单位"对话框

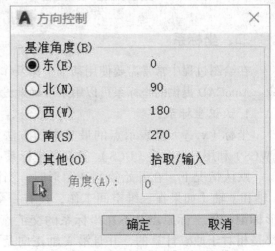

图 6-16　"方向控制"对话框

3. 图形界限设置

图形界限就是指绘图区域的大小，也称为图限。在世界坐标系下，图形界限由一对二维点确定，即左下角点和右上角点。它确定的区域是可见栅格指示的区域。图形界限最终的目的是避免用户所绘的图形超出该界限。

打开方式如下：

方式一：在命令行输入 Limits。

方式二：在菜单栏中选择"格式"→"图形界限"。

运行命令后，命令行提示：

指定左下角点或 [开(ON)/ 关(OFF)]〈0.0000, 0.0000〉：（指定图形界限的左下角位置，直接按 Enter 键或 Space 键采用默认值）

指定右上角点：（指定图形界限的右上角位置），例如设置 30m×20m 的空间，就在命令提示行输入 (30000, 20000)。

按 Space 键或 Enter 键即可结束设置。

在状态栏中单击开启"栅格"按钮，使用栅格显示图限区域，效果如图 6-17 所示。如果未显示图限区域，鼠标右键点击"栅格"按钮，打开"草图设置"对话框，取消勾选"显示超出界限的栅格"，如图 6-18 所示。

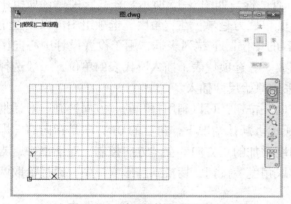
图 6-17 使用栅格显示图限区域

图 6-18 "草图设置"对话框

二、坐标系

在绘图过程中常常需要使用某个坐标系作为参照，拾取点的位置，来精确定位某个对象。AutoCAD 提供的坐标系可以用来准确地设计并绘制图形。

1. 认识坐标系

坐标 (x, y) 是表示点的最基本的方法。在 AutoCAD 中，坐标系分为世界坐标系（WCS）和用户坐标系（UCS）。这两种坐标系下都可以通过坐标 (x, y) 来精确定位点。

默认情况下，在开始绘制新图形时，当前坐标系为世界坐标系，即 WCS，它包括 x 轴和 y 轴（如果在三维空间工作，还有一个 Z 轴）。WCS 坐标轴的交汇处显示"口"形标记，但坐标原点并不在坐标系的交汇点，而位于图形窗口的左下角，所有的位移都是相对于原点计算的，并且沿 X 轴正向及 Y 轴正向的位移规定为正方向，如图 6-19 所示。

在 AutoCAD 中，为了能够更好地辅助绘图，经常需要修改坐标系的原点和方向，这时世界坐标系将变为用户坐标系，即 UCS。UCS 的原点以及 X 轴、Y 轴、Z 轴方向都可以移动及旋转，甚至可以依赖于图形中某个特定的对象。尽管用户坐标系中 3 个轴之间仍然互相垂直，但是在方向及位置上却都更灵活。另外，UCS 没有"口"形标记，如图 6-20 所示。

进行用户坐标系设置的操作可通过以下方法来完成：
- 单击"工具"→"新建 UCS"或"命名 UCS"
- 直接在命令行输入 UCS。

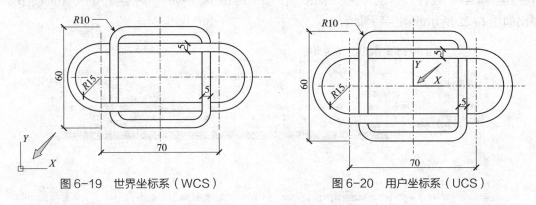

图 6-19　世界坐标系（WCS）　　　　图 6-20　用户坐标系（UCS）

2. 坐标的表示方法

在 AutoCAD 中，点的坐标可以使用绝对直角坐标、绝对极坐标、相对直角坐标和相对极坐标 4 种方法表示，它们的特点如下：

绝对直角坐标：是从点（0，0）或（0，0，0）出发的位移，可以使用分数、小数或科学记数等形式表示点的 X 轴、Y 轴、Z 轴坐标值，坐标间用逗号隔开，如图 6-21，P_1（40，50）。

绝对极坐标：是从点（0，0）或（0，0，0）出发的位移，但给定的是距离和角度，其中距离和角度用"<"分开，且规定 X 轴正向为 0°，Y 轴正向为 90°，如图 6-21，P_2（60<30）。

相对直角坐标和相对极坐标：相对坐标是以上一次输入的坐标为坐标原点来定义某个点的位置、距离或角度。它的表示方法是在绝对坐标表达方式前加上"@"号，如图 6-21，P_3（@30，30），P_4（@40<60）。其中，相对极坐标中的角度是新点和上一点连线与 X 轴的夹角。

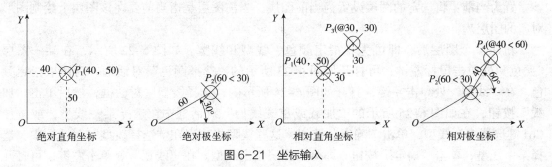

　绝对直角坐标　　　　绝对极坐标　　　　相对直角坐标　　　　相对极坐标

图 6-21　坐标输入

三、图层

图层是 AutoCAD 用于组织和管理图形对象的重要工具。可以把图层想象成一张张透明的图纸，在不同的图层上可以设置不同的线宽、线型和颜色，也可以把尺寸标注、文字注释等设置到单独的图层以便于编辑，再将这些透明的图纸叠放在一起，就形成了一张完整的图样。使用图层进行绘图，可以使工作更加容易，图形更易于绘制和编辑，因此设置图层也是绘图之前必须要做的准备工作。

AutoCAD 通过"图层特性管理器"来管理图层和图层特性。在命令行中输入"Layer"（快捷键"LA"）或在"默认"选项卡的"图层"面板中，单击"图层特性"，AutoCAD 会弹出如图 6-22 所示的图层特性管理器。

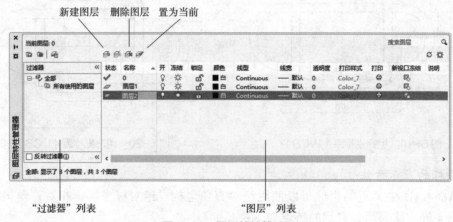

图 6-22　图层特性管理器

图层特性管理器主要由"过滤器"列表和"图层"列表两部分组成。单击"过滤器"列表上方的"新建特性过滤器"按钮，可基于图层的状态、名称、颜色等创建过滤器，以控制"图层"列表中显示哪些图层。例如，可以定义一个过滤器，用于显示线宽等于 0.35mm 且颜色为红色的图层。"过滤器"列表只在图形中包含的图层数量很多时才比较有用。

1. 图层基本操作

在"图层"列表的上方有三个较常用按钮：

新建图层：以默认的名称新建一个图层，可立即更改新建图层的名称。

删除图层：删除选定的图层。系统不允许删除 0 图层、包含有图形对象的图层和当前图层。

置为当前：将选定的图层设置为当前图层。当前图层是指当前要在该图层上绘制图形对象的图层。

新建一个图层后，即可为其指定颜色、线型和线宽。如图 6-22 所示，在某一图层"颜色"处单击鼠标左键，可打开如图 6-23 所示的"选择颜色"对话框，为图层指定颜色。在"线型"处单击左键，打开如图 6-24 所示的"选择线型"对话框，然后单击"加载"按钮，在如图 6-25 所示的"加载或重载线型"对话框中，选择某一线型，或按住 Ctrl 键选择多个线型，单击"确定"按钮，这些线型将出现在"选择线型"对话框中。选择某一线型，单击"确定"按钮，即可为图层指定线型。在"线宽"处单击左键，可打开如图 6-26 所示的"线宽"对话框，为图层指定线宽。

项目六　AutoCAD 基础与平面绘图

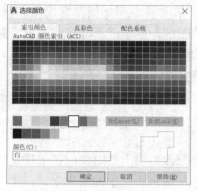

图 6-23 "选择颜色"对话框

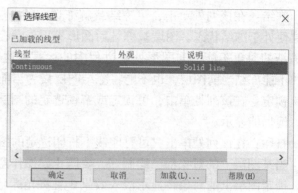

图 6-24 "选择线型"对话框

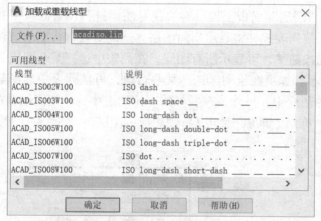

图 6-25 "加载或重载线型"对话框

图 6-26 "线宽"对话框

2. 图层列表

从图 6-27 所示的图层列表中可以看到，一个图层除颜色、线型和线宽 3 个特性外，还有状态、名称、开、冻结、锁定等特性。

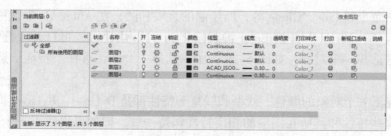

图 6-27 图层列表

状态："√"表示此图层为当前图层；蓝色四边形图标表示此图层包含对象，不可删除；白色四边形图标表示此图层不包含任何对象，可删除。

名称：显示图层的名称，在名称上双击鼠标左键，也可以将该图层设置为当前图层；选择名称，按 F2 键可对该图层名称进行修改。

开：在该列处单击，可打开或关闭选定图层。亮灯表示图层打开，关灯表示图层关闭。图层关闭将不显示、不打印该图层上的对象。

冻结：在该列处单击，可冻结或解冻选定的图层。单击☼小图标使其变成霜冻状态，图层便处于冻结状态。图层被冻结后图形不再显示在绘图区，也不能参与打印输出，并且被冻结的对象不能参与图形处理过程中的运算，这样可以加快系统重新生成的速度。注意，不能冻结当前图层，也不能将冻结图层设为当前图层。

锁定：在该列处单击，可锁定或解锁选定的图层。图层锁定将不能修改该图层上的对象，但仍能显示。

打印：在该列处单击，可打印或不打印选定的图层。

当某图层上的对象都已绘制好，要防止误操作意外修改图层上的对象时，可锁定该图层。锁定图层上的对象将显示淡入效果，且将光标悬停在锁定图层中的对象上时，十字光标旁会显示一个小锁图标。图层被关闭时，将不打印该图层，即使打印列设置为开启。

3. 快速访问图层设置

在功能区，"默认"选项卡的"图层"面板上提供有快速对图层进行设置的按钮和控件。当在绘图区未选定对象时，下拉列表控件将显示当前图层；选定对象，将显示该对象所在的图层。单击控件右侧的展开按钮▼，可显示所有图层。在列表中选择某个图层，可将其置为当前图层，如图 6-28 所示。如果在绘图区选择某些对象，再从列表中选择某个图层，这些对象将被放置在选定的图层中。另外，在展开的下拉列表中，单击图层前的 3 个图标，♀、☼、🔓可打开 / 关闭、冻结 / 解冻、锁定 / 解锁相应的图层。

图 6-28 "图层"面板及其下拉列表控件

4. 对象特性和图层

使用绘图命令如 Line、Circle 等，所绘制的直线和圆，在 AutoCAD 中统称为对象。在命令行中输入"Properties"并按 Enter 键或按"Ctrl+1"快捷键，可打开"特性"选项板。此时在绘图区选择一个对象，如图 6-29 所示，选择一个圆，可在"特性"选项板中看到该圆的特性。

默认情况下一个对象的颜色、线型和线宽等特性都是 ByLayer。ByLayer 即随层，其含义是对象的这些特性和其所在图层的相应特性保持一致。即如果更改了一个图层的颜色、线型和线宽，那么这个图层中所有对象的颜色、线型和线宽等随层的特性都将随之改变。因此对象的特性随层，是通过图层管理对象的先决条件。

对于采用 Center 点画线等非 Continuous 线型所绘制的对象，要注意设置线型比例。线型比例太大或太小，都不能显示出相应线型的外观。设置线型比例可先修改全局线型比例因子 LTScale，在命令行中输入"LTS"并按 Enter 键，可以看到其默认值为 1。输入新的线型比例因子并按 Enter 键，可以看到系统变量 LTScale 将影响图形中所有线型的外观。因子越小，相应线型图案的间距也越小，即每个绘图单位生成的重复图案数就越多。必要时，可使用"特性"选项板，修改单个对象的线型比例。如图 6-29A 所示，圆的线型比例为 1，此时虚线无法清晰展示，需增大比例，在"特性"选项板中更改其线型比例为 10，效果良好，如图 6-29B 所示。

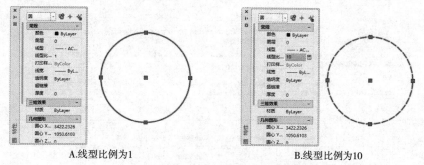

A.线型比例为1　　　　　　　　　　B.线型比例为10

图 6-29　对象特性及更改线型比例

除使用"特性"选项板外，还可使用"默认"选项卡上"特性"面板中的下拉列表和按钮来修改对象的特性。当在绘图区选择了某对象时，对象的颜色、线宽和线型将显示在如图 6-30 所示的 3 个下拉列表控件中。此时，在下拉列表中另行选择可修改对象的特性，例如，在"颜色"下拉列表中选择红色，可将对象的颜色修改为红色。

图 6-30　"特性"面板

四、图纸输出

当图纸绘制完成以后，可将其打印成纸质文件或者输出其他格式文件以供保存。图纸的打印和输出是绘图工作的最后一步，也是 AutoCAD 操作的一个重要环节。

1. 添加新的输出设备

单击 AutoCAD 软件中"文件"菜单栏中的"绘图仪管理器"选项，打开"Plotters"文件窗口，如图 6-31 所示。双击"添加绘图仪向导"图标，弹出"添加绘图仪 - 简介"对话框，点击"下一步"按钮，弹出"添加绘图仪 - 开始"对话框，如图 6-32 所示。

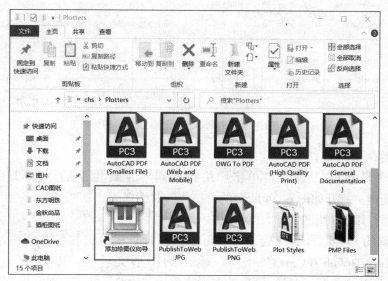

图 6-31　"Plotters"文件窗口

图 6-32 "添加绘图仪 – 开始"对话框

如果需要添加系统默认的打印机,可以点选图 6-32 中的"系统打印机"选项,点击"下一步",然后按照提示完成打印设备的添加。如果需要添加已有打印机,可以点选图 6-32 中的"我的电脑"选项,弹出"添加绘图仪—绘图仪型号"对话框,如图 6-33 所示。选择打印机的生产商、型号,然后按照提示完成已有打印设备的添加。

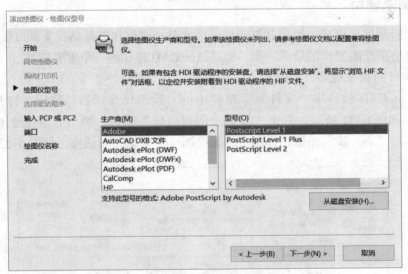

图 6-33 "添加绘图仪—绘图仪型号"对话框

2. 打印图纸

打印命令是 PLOT,通常可单击"快速访问"工具栏上的"打印"按钮或使用"Ctrl+P"快捷键。打开如图 6-34 所示的"打印"对话框。

(1)选择打印机/绘图仪

在对话框的"名称"下拉列表中,可以选择计算机所连接的打印机或绘图仪。如果选择"PublishToWeb JPG.pc3"型号,输出的图形文件为"JPG"格式;如果选择"PublishToWeb PNG.pc3"型号,输出的图形文件为"PNG"格式。如需保存高清图片,推荐选择"Postscript Level 1.pc3"型号，输出的图形文件为"EPS"格式，再用 Photoshop 软件保存成 JPG 格式；或选择"AutoCAD PDF（High Quality Print).pc3"型号，输出的图形文件为"PDF"格式，再转化为 JPG 格式。

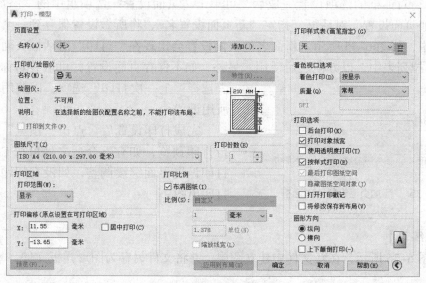

图 6-34　"打印"对话框

（2）选择图纸尺寸

在选择好打印机之后，就可根据图样大小选择相应的图纸尺寸。图纸尺寸，应尽量按照工程图中图框的大小来选择。当然，如果工程图太大或太小，也可以按相应的打印比例，选择图纸大小。

（3）设置打印区域

在图纸尺寸选择好之后，需要设置打印区域。定义打印区域，可使用"打印范围"下拉列表中的选项。

窗口：将显示一个"窗口"按钮，单击该按钮，可在模型空间中定义两个角点，以确定打印区域。这是最常用的方式。

范围：用于打印包含有图形对象的那部分当前空间。如果图形文件中，只包含一个工程图，且要打印的内容都包含在一个图框内，可以使用该选项。

图形界限：打印栅格界限定义的那部分区域，即"Limits"命令所定义的区域。

显示：打印"模型"选项卡当前视口显示的视图。

（4）设置打印偏移

打印区域设置好之后，要定义打印偏移。打印偏移量，通常选择"居中打印"复选框，让系统自动计算。

（5）修改打印比例

定义打印比例，可以从"比例"下拉列表中选择相应的打印比例，注意打印比例应优先选用国家标准规定的比例。选中"布满图纸"复选框，将使用系统自动计算出的打印比例。

（6）选择打印样式表

AutoCAD 提供有两种打印样式表。一种称为"颜色相关单元"样式表 CTB，它使用对象的颜色来确定打印特征；另一种称为"命名打印"样式表 STB，包含用户定义的打印样式。通常，如果彩色打印，可以设置打印样式表为"acad.ctb"；如果黑白打印，可以设置打印样式表为"monochrome.ctb"，其他选项保持默认即可。

（7）页面设置

"打印"对话框的选项设置完成后，可单击"页面设置"选项组中的"添加"按钮，使用"添加页面设置"对话框，指定"新页面设置名"，将所做设置保存到一个新命名的页面设置中，如图 6-35 所示。新命名的页面设置会出现在"打印"对话框页面设置下的"名称"下拉列表中，以方便之后使用。另外，如不保存页面设置，可从"名称"下拉列表选择"上一次打印"选项，以使用上次打印所用设置。

完成打印设置后，点击"预览"按钮，进行打印预览，如有不合适之处可按 Esc 键返回打印设置界面继续调整，如没有问题，可直接打印出图。

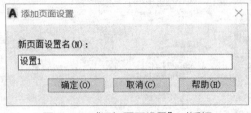

图 6-35 "添加页面设置"对话框

【巩固练习】

1. 如图 6-36 所示，在新文件中建立图层，并将文件另存为图形样板文件。

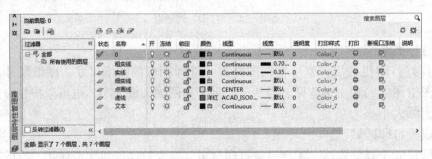

图 6-36 图层设置

2. 如图 6-37 所示，在新文件中设置打印参数，添加到新页面设置，命名为"设置 1"。

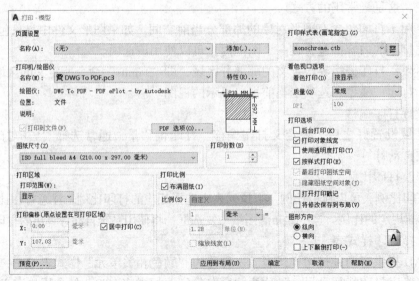

图 6-37 打印设置

任务三　绘制二维图形

【任务目标】

1. 熟练掌握简单二维图形的绘制。
2. 熟练掌握 CAD 绘图辅助工具，快速准确绘图。

【知识链接】

任何复杂的图形都可以分解成简单的点、线、面等基本图形，只要熟练掌握这些基本图形的绘制方法，就可以方便、快捷地绘制出各种复杂图形。绘图工具栏如图 6-38 所示。

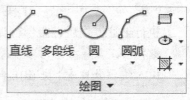

图 6-38　"绘图"工具栏

一、绘制点

点（Point）：点对象可以作为捕捉或者偏移对象的节点或参考点。

快捷键：PO。

1. 设置点的样式

点的绘制较为容易。默认情况下，点对象仅被显示成一个小圆点，但用户可通过选择"格式"→"点样式"，即执行"Ddptype"命令，在如图 6-39 "点样式"对话框中选择自己需要的点样式，如图 6-40 按不同样式创建的点。还可以利用对话框中的"点大小"编辑框确定点的大小。如果想将需要的点在图纸上打印出来，可选择"按绝对单位设置大小"；如果用户只想在屏幕上画一个临时点，而不需要将它在图纸上打印出来，则选择"相对于屏幕设置大小"。

图 6-39　"点样式"对话框

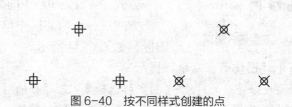

图 6-40　按不同样式创建的点

2. 绘制单点和多点

激活方式：

方式一：输入"PO"后按 Enter 键。

方式二：在菜单栏中选择"绘图"→"点"→"单点"或者"多点"。

方式三：在功能区中单击"绘图"面板中的"多点"图标，如图 6-41 所示。

启动命令之后，就可以在绘图窗口中一次指定一个点或多个点，完成单点或多点的绘制。

图 6-41　多点命令图标

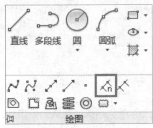

图 6-42 定数等分图标

3. 绘制定数等分点

定数等分点是指将点对象沿对象的长度或周长等间隔排列。

激活方式：

方式一：输入"Divide"或快捷键"DIV"。

方式二：在菜单栏中选择"绘图"→"点"→"定数等分"。

方式三：在功能区中单击"绘图"面板中的"定数等分"图标，如图 6-42 所示。

执行上述操作后，命令行提示：

选择要定数等分的对象：（用鼠标选择要定数等分的对象）

输入线段数目或[块(B)]:（输入要等分的数目或输入在等分点要插入的图块的名称）

例题

如图 6-43 所示，用"6"定数等分一条曲线。

（1）命令：DIV。
（2）选择要定数等分的对象：选择该曲线。
（3）输入线段数目：6。

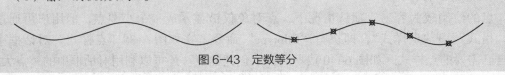

图 6-43 定数等分

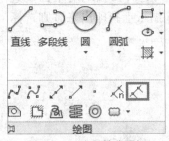

图 6-44 定距等分图标

4. 绘制定距等分点

定数等分点是指将点对象在指定的对象上按指定的间隔放置。

激活方式：

方式一：输入"Measure"或快捷键"ME"。

方式二：在菜单栏中选择"绘图"→"点"→"定距等分"。

方式三：在功能区中单击"绘图"面板中的"定距等分"图标，如图 6-44 所示。

执行上述操作后，命令行提示：

选择要定距等分的对象：（用鼠标选择要定距等分的对象）

指定线段长度或[块(B)]:（输入要等分的数值或输入在等分点要插入的图块的名称）

例题

如图 6-45 所示，用"10"定距等分长为 50 的直线。

（1）命令：ME。
（2）选择要定距等分的对象：选择该直线。
（3）指定线段长度：10。

图 6-45 定距等分

二、绘制线

1.绘制直线

直线（Line）：直线是基本图形中最常见的一类图形对象，只要指定起点和终点就可以绘制一条直线。

快捷键：L。

激活方式：

方式一：输入"L"后按Enter键。

方式二：在菜单栏中选择"绘图"下的"直线"。

方式三：在功能区中单击"绘图"面板中的"直线"图标，如图6-46所示。

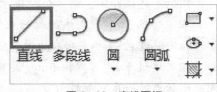

图6-46 直线图标

执行上述操作后，命令行会提示：

指定第一个点：(确定直线段的起始点)

指定下一点或 [放弃(U)]：(确定直线段的另一端点位置，或执行放弃(U)选项重新确定起始点)

指定下一点或 [放弃(U)]：(可直接按Enter键或Space键或点击鼠标右键"确认"结束命令，或执行放弃(U)选项取消前一次操作)

指定下一点或 [闭合(C)/放弃(U)]：(可直接按Enter键或Space键或点击鼠标右键"确认"结束命令，或执行闭合(C)选项创建封闭多边形，或执行放弃(U)选项取消前一次操作)

执行结果：AutoCAD绘制出连接相邻点的一系列直线段。值得注意的是用Line命令绘制出的一系列直线段中的每一条线段均是独立的对象。

例题

如图6-47所示，绘制一条长300的直线。

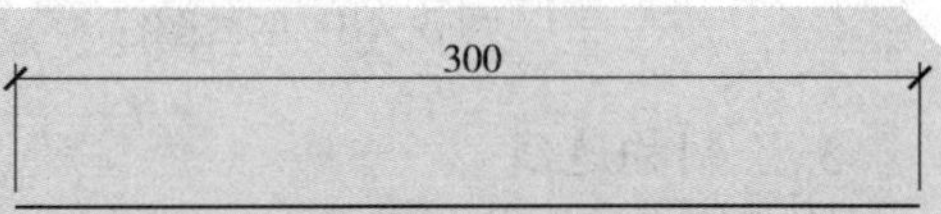

（1）命令：L。

（2）指定第一个点：鼠标任意单击一点。

（3）指定下一点：打开"正交"开关，将鼠标向右拉，直接输入300后按Enter键，鼠标右键单击确认。

图6-47 直线

小贴士

1.如何绘制水平或垂直的线？

（1）点击状态栏中的"正交"按钮，开启"正交"功能。

（2）按F8键，开启"正交"功能。

2.直线如何精确拾取到点？

（1）点击状态栏中的"对象捕捉"按钮，开启"对象捕捉"功能。

（2）按F3键，开启"对象捕捉"功能。

3.如何确定直线的长度？

绘制直线时，往往要确定直线的长度，这时可以先确定直线的一个点的位置，将光标向需要延伸的方向拉，从键盘输入确定的数值，按Enter键，再输入另一个方向的数值，按Enter键，若想终止，再次按下Enter键即可。

2. 绘制射线

射线（Ray）：是指沿单方向无限长的直线，射线一般用作辅助线。

激活方式：

方式一：输入"RAY"后按 Enter 键。

方式二：在菜单栏中选择"绘图"→"射线"。

方式三：在功能区中单击"绘图"面板中的"射线"图标，如图 6-48 所示。

执行上述操作后，命令行会提示：

指定起点：（确定射线的起始点位置）

指定通过点：（确定射线通过的任一点，确定后 AutoCAD 绘制出过起点与该点的射线）

指定通过点：（可以按 Enter 键或 Space 键结束操作，也可以继续指定通过点，绘制过同一起始点的一系列射线）

如图 6-49 所示。

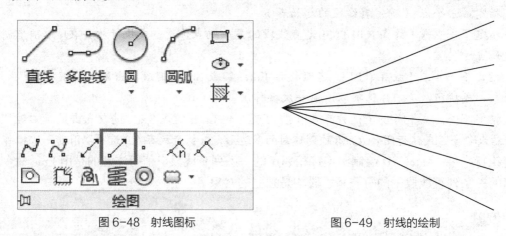

图 6-48　射线图标　　　　　　图 6-49　射线的绘制

3. 绘制构造线

构造线（Xline）：是指绘制沿两个方向无限长的直线，构造线一般用作辅助线。

快捷键：XL。

激活方式：

方式一：输入"XL"后按 Enter 键。

方式二：在菜单栏中选择"绘图"下的"构造线"。

方式三：在功能区中单击"绘图"面板中的"构造线"图标，如图 6-50 所示。

执行上述操作后，命令行会提示：

指定点或 [水平 (H)/ 垂直 (V)/ 角度 (A) / 二等分 (B) / 偏移 (O)]：（确定构造线的起始点位置）

指定通过点：（确定构造线通过的任一点，确定后 AutoCAD 绘制出过起点与该点的构造线）

指定通过点：（可以按 Enter 键或 Space 键结束操作，也可以继续指定通过点，绘制过同一起始点的一系列构造线）

根据命令提示行提示进行操作，即可得到构造线，如图 6-51 所示。

图 6-50 构造线图标

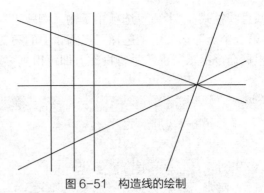

图 6-51 构造线的绘制

"指定点"选项用于绘制通过指定两点的构造线。

"水平"选项用于绘制通过指定点的水平构造线。

"垂直"选项用于绘制通过指定点的垂直构造线。

"角度"选项用于绘制沿指定方向或与指定直线的夹角为指定角度的构造线。

"二等分"选项用于绘制按指定角度的定点为通过点,以指定角度的等分线为方向的构造线。

"偏移"选项用于绘制与指定直线平行的构造线。

4. 绘制多段线

多段线(Pline),是由直线段、圆弧段构成,且可以有宽度的图形对象。

快捷键:PL。

激活方式:

方式一:输入"PL"后按 Enter 键。

方式二:在菜单栏中选择"绘图"→"多段线"。

方式三:在功能区中单击"绘图"面板中的"多段线"图标,如图 6-52 所示。

执行上述操作后,命令行会提示:

指定起点:(确定多段线的起始点)

当前线宽为 0.0000(说明当前的绘图线宽)

指定下一个点或 [圆弧 (A)/ 半宽 (H)/ 长度 (L)/ 放弃 (U)/ 宽度 (W)]:

"圆弧"选项用于绘制圆弧。"半宽"选项用于确定多段线的半宽。"长度"选项用于指定所绘多段线的长度。"放弃"选项用于取消刚画的一段多段线。"宽度"选项用于确定多段线的宽度,其默认值为 0,多段线起点宽度和端点宽度可不同,且可以分段设置,非常灵活。

当选择 A 时,命令行会提示:

指定圆弧的端点或 [角度(A)圆心(CE)闭合(CL)方向(D)半宽(H)直线(L)半径(R)第二个点(S)放弃(U)宽度(W)]:

"角度"选项用于确定夹角(顺时针为负)。"圆心"选项用于确定圆弧中心。"闭合"选项用圆弧封闭多段线,并退出 PLINE 命令。"方向"选项用于提示用户重定切线方向。"半宽"和"宽度"选项用于设定多段线半宽和全宽。"直线"选项用于

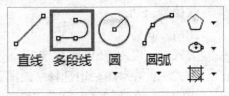

图 6-52 多段线图标

切换回直线模式。"半径"选项用于输入圆弧半径。"放弃"选项用于取消上一次选项的操作。"第二个点"选项用于选择三点圆弧中的第 2 点。

根据命令提示行提示进行操作，即可得到多段线。

例题

绘制如图 6-53 所示的图形。
(1) 命令：PL。
(2) 指定起点：鼠标任意单击一点。
(3) 指定下一点：打开"正交"开关，将鼠标向右拉，输入 200 后按 Enter 键。
(4) 指定下一个点或 [圆弧 (A)/ 半宽 (H)/ 长度 (L)/ 放弃 (U)/ 宽度 (W)]：输入 A 后按 Enter 键。

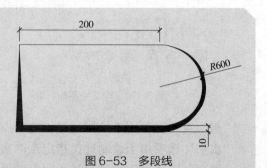

图 6-53　多段线

(5) [角度 (A) 圆心 (CE) 闭合 (CL) 方向 (D) 半宽 (H) 直线 (L) 半径 (R) 第二个点 (S) 放弃 (U) 宽度 (W)]：输入 W 后按 Enter 键。
(6) 指定起点宽度：输入 0。
(7) 指定端点宽度：输入 10。
(8) [角度 (A) 圆心 (CE) 闭合 (CL) 方向 (D) 半宽 (H) 直线 (L) 半径 (R) 第二个点 (S) 放弃 (U) 宽度 (W)]：将鼠标向下拉，输入 120 后按 Enter 键。
(9) [角度 (A) 圆心 (CE) 闭合 (CL) 方向 (D) 半宽 (H) 直线 (L) 半径 (R) 第二个点 (S) 放弃 (U) 宽度 (W)]：输入 L 后按 Enter 键。
(10) 指定下一点：将鼠标向左拉，输入 200 后按 Enter 键。
(11) 指定下一个点或 [圆弧 (A)/ 半宽 (H)/ 长度 (L)/ 放弃 (U)/ 宽度 (W)]：输入 W 后按 Enter 键。
(12) 指定起点宽度：输入 10。
(13) 指定端点宽度：输入 0。
(14) 指定下一个点或 [圆弧 (A)/ 半宽 (H)/ 长度 (L)/ 放弃 (U)/ 宽度 (W)]：点击起始点，闭合图形。

小贴士

多段线与直线的区别：直线是一个单一的对象，每两个点确定一条直线，是单一的。而多段线表示连在一起的一个复合对象，可以是直线，也可以是圆弧，并且它们还可以是不同的宽度。在三维建模当中也经常需要多段线。

5. 绘制样条曲线

样条曲线（Spline）：是经过或接近影响曲线形状的一系列点的平滑曲线。

快捷键：SPL。

激活方式：

方式一：输入 "SPL" 后按 Enter 键。

方式二：在菜单栏中选择 "绘图" 下的 "样条曲线"，选择 "拟合点" 或 "控制点"。

方式三：在功能区中单击 "绘图" 面板中的 "样条曲线拟合" 图标或 "样条曲线控制点" 图标。如图 6-54 和图 6-55 所示。

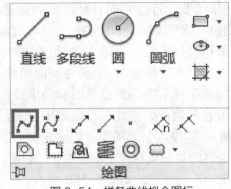

图 6-54 样条曲线拟合图标

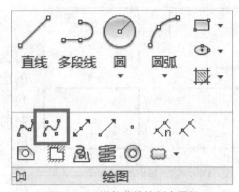

图 6-55 样条曲线控制点图标

执行上述操作后，命令行会提示：

指定第一个点：(确定样条曲线的起始点位置)

输入下一个点：(确定样条曲线的下一个点位置)

输入下一个点或 [放弃 (U)]：(确定样条曲线的下一个点位置，或执行放弃 (U) 选项取消前一次操作)

输入下一个点或 [闭合 (C)/ 放弃 (U)]：(可直接按 Enter 键或 Space 键或点击鼠标右键"确认"结束命令，或执行闭合 (C) 选项创建封闭样条曲线，或执行放弃 (U) 选项取消前一次操作)

根据命令提示行提示进行操作，即可得到样条曲线。其中，拟合点是指样条曲线必须要经过（重合）选取的点，如图 6-56A 所示的曲线；控制点是指样条曲线不一定要经过（重合）选取的点，样条曲线的形状和所选取点的走势相近，但更平滑，如图 6-56B 所示的曲线。

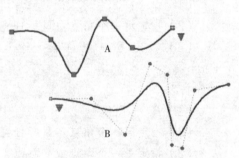

图 6-56 样条曲线的绘制

三、绘制多边形

1. 绘制矩形

矩形（Rectangle）。

快捷键：RE。

激活方式：

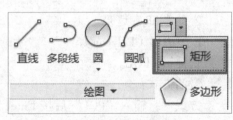

图 6-57 矩形图标

方式一：输入"REC"后按 Enter 键。

方式二：在菜单栏中选择"绘图"→"矩形"。

方式三：在功能区中单击"绘图"面板中的"矩形"图标，如图 6-57 所示。

执行上述操作后，命令行会提示：

指定第一个角点或 [倒角 (C)/ 标高 (E)/ 圆角 (F)/ 厚度 (T)/ 宽度 (W)]：(指定矩形的一个角点)

指定另一个角点或 [面积 (A)/ 尺寸 (D)/ 旋转 (R)]：(指定另一个角点绘制矩形)

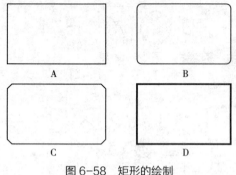

图 6-58 矩形的绘制

根据命令提示行提示进行操作,即可得到矩形。"倒角"选项表示绘制在各角点处有倒角的矩形,如图 6-58B 所示。"标高"选项用于确定矩形的绘图高度,即绘图面与 XY 面之间的距离。"圆角"选项用于确定矩形角点处的圆角半径,使绘制的矩形在各角点处按此半径绘制出圆角,如图 6-58C 所示。"厚度"选项用于确定矩形的绘图厚度,使绘制的矩形具有一定的厚度。"宽度"选项用于确定矩形的线宽,如图 6-58D 所示。

"面积"选项根据面积绘制矩形,"尺寸"选项根据矩形的长和宽绘制矩形,"旋转"选项绘制按指定角度放置的矩形。

例题

如图 6-59 所示,绘制长 30,宽 20 的矩形。

方法一:

(1)命令:REC。

(2)指定第一个角点:鼠标任意单击一点。

(3)指定另一个角点:输入 @30,20,后按 Enter 键。

方法二:

(1)命令:REC。

(2)指定第一个角点:鼠标任意单击一点。

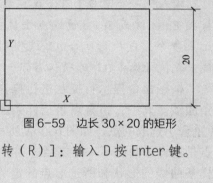

图 6-59 边长 30×20 的矩形

(3)指定另一个角点或[面积(A)尺寸(D)旋转(R)]:输入 D 按 Enter 键。

(4)指定矩形的长度:输入 30 后按 Enter 键。

(5)指定矩形的宽度:输入 20 后按 Enter 键。

2. 绘制正多边形

E 多边形(Polygon)。

快捷键:POL。

激活方式:

方式一:输入"POL"后按 Enter 键。

方式二:在菜单栏中选择"绘图"下的"多边形"。

方式三:在功能区中单击"绘图"面板中的"多边形"图标,如图 6-60 所示。

执行上述操作后,命令行会提示:

输入侧面数 <4>(默认值是 4):(输入多边形的边数后确认)

指定正多边形的中心点或[边(E)]:(指定中心点或边)

• 若选择中心点:

输入选项[内接于圆(I)/外切于圆(C)]<I>:(选择内接或是外切)

图 6-60 多边形图标

指定圆的半径:(输入圆的半径值)

• 若选择边:

指定边的第一个端点:(选择一个端点)

指定边的第二个端点:(选择另一个端点)

根据命令提示行提示进行操作,即可得到正多边形,如图 6-61 所示。

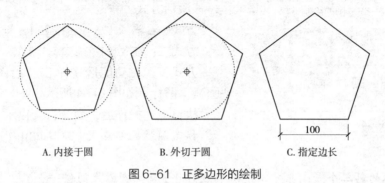

A. 内接于圆　　B. 外切于圆　　C. 指定边长

图 6-61　正多边形的绘制

四、绘制圆及圆弧

1. 绘制圆

圆(Circle)。

快捷键:C。

激活方式:

方式一:输入"C"后按 Enter 键。

方式二:在菜单栏中选择"绘图"下的"圆"。

方式三:在功能区中单击"绘图"面板中的"圆"图标,如图 6-62 所示。

图 6-62　圆图标

执行上述操作后,命令行会提示:

指定圆的圆心或 [三点 (3P)/ 两点 (2P)/ 相切、相切、半径 (T)] :

• 若选择圆的圆心,在屏幕上任取一点或输入坐标:

指定圆的半径或直径 [D]:(默认输入半径数值,选 D 可输入直径数值)

• 若选择三点(3P):

指定圆上第一个点:(选择第一点)

指定圆上第二个点:(选择第二点)

指定圆上第三个点:(选择第三点)

• 若选择两点(2P):

指定圆直径的第一个端点:(选择圆直径的一个端点)

指定圆直径的第二个端点:(选择圆直径的另一个端点)

• 若选择相切、相切、半径 (T):

指定对象与圆的第一个切点:(选择一个相切点)

指定对象与圆的第二个切点:(选择另一个相切点)

指定圆的半径:(输入半径值)

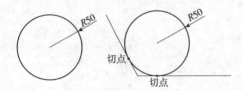

A. 半径为 50 的圆　　B. 与两条线相切半径为 50 的圆

图 6-63　圆的绘制

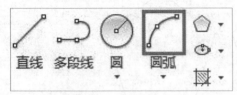

图 6-64　圆弧图标

根据命令提示行提示进行操作，即可得到圆，如图 6-63 所示。

2. 绘制圆弧

圆弧（Arc）。

快捷键：A。

激活方式：

方式一：输入"A"后按 Enter 键。

方式二：在菜单栏中选择"绘图"下的"圆弧"。

方式三：在功能区中单击"绘图"面板中的"圆弧"图标，如图 6-64 所示。

执行上述操作后，命令行会提示：

指定圆弧的起点或 [圆心 (C)]:（确定圆弧的起始点位置）

指定圆弧的第二个点或 [圆心 (C)/ 端点 (E)]:（确定圆弧上的任一点）

指定圆弧的端点:（确定圆弧的终止点位置）

以上为三点法绘制圆弧，这是画圆最常用的方法之一。只要连续在绘图区域输入 3 个点即可确定一个圆弧，如图 6-65A 所示。

另一个画圆常用的方法是通过起点、圆心、端点绘制圆弧。确定起点后，指定圆弧第二点时，在命令行输入 C，指定圆心位置，再确定圆弧终点位置，如图 6-65B 所示。

除以上这两种常用的圆弧绘制方法外，还有"起点、圆心、角度"法、"起点、圆心、长度"法、"起点、端点、角度"法、"起点、端点、方向"法等，可以根据个人的习惯或绘图时的具体情况来选择，从而方便快捷地绘制圆弧。

五、绘制椭圆及椭圆弧

1. 绘制椭圆

椭圆（Ellipse）

快捷键：EL。

激活方式：

方式一：输入"EL"后按 Enter 键。

方式二：在菜单栏中选择"绘图"→"椭圆"。

方式三：在功能区中单击"绘图"面板中的"椭圆"图标，如图 6-66 所示。

执行上述操作后，命令行会提示：

指定椭圆的轴端点或 [圆弧 (A)/ 中心点 (C)]:

若选择轴端点，在屏幕上任取一点或输入坐标。

指定轴的另一个端点:（指定一点或输入长度和角度）

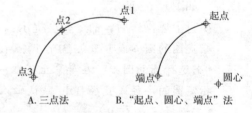

A. 三点法　　B. "起点、圆心、端点"法

图 6-65　圆弧的绘制

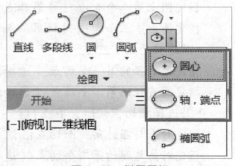

图 6-66　椭圆图标

指定另一条半轴长度或 [旋转 (R)]:（指定一点或输入长度，若选择旋转，则需指定绕长轴旋转的角度）

• 若选择圆弧（A），则绘制椭圆弧。
• 若选择中心点（C），在屏幕上任取一点或输入坐标：

指定轴的端点：（指定一点或输入长度和角度）

指定另一条半轴长度或 [旋转 (R)]:（指定一点或输入长度，若选择旋转，则需指定绕长轴旋转的角度）

根据命令提示行的提示进行操作，即可得到椭圆，如图 6-67 所示。

2. 绘制椭圆弧

椭圆弧：是椭圆的一部分，只有起点和终点，没有闭合。

快捷键：EL（同"椭圆"）。

激活方式：

方式一：输入"EL"按 Enter 键，然后输入"A"按 Enter 键。

方式二：在菜单栏中选择"绘图"→"椭圆"，选择"圆弧"。

方式三：在功能区中单击"绘图"面板中的"椭圆弧"图标，如图 6-68 所示。

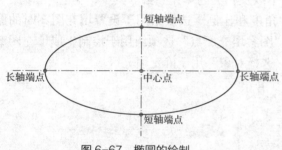

图 6-67 椭圆的绘制

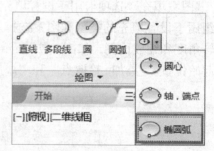

图 6-68 椭圆弧图标

执行上述操作后，命令行会提示：

指定椭圆的轴端点或 [圆弧 (A)/ 中心点 (C)]:（输入 A，绘制椭圆弧）

这时的操作与上一节介绍的绘制椭圆的过程相同，首先确定椭圆的形状。

命令行接着提示：

指定起点角度或 [参数 (P)]:（输入起始点角度）

指定端点角度或 [参数 (P)/ 夹角 (I)]:（输入终止点角度或输入 I，指定包含的角度）

根据命令提示行提示进行操作，即可得到椭圆弧，如图 6-69 所示。

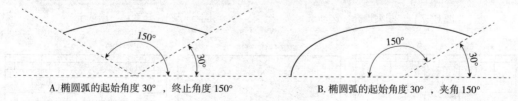

A. 椭圆弧的起始角度 30°，终止角度 150°　　　　B. 椭圆弧的起始角度 30°，夹角 150°

图 6-69 椭圆弧的绘制

六、图案填充

图案填充（Bhatch）：是指用指定的图案填充指定的区域。

快捷键：H 或 BH。

激活方式：

方式一：输入"H"或"BH"按 Enter 键，然后输入"T"按 Enter 键。

方式二：在菜单栏中选择"绘图"→"图案填充"。

方式三：在功能区中单击"绘图"面板中的"图案填充"图标，如图 6-70 所示。

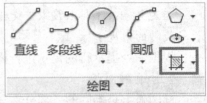

图 6-70　图案填充图标

执行上述操作后，AutoCAD 会弹出"图案填充和渐变色"对话框，对话框中有"图案填充"和"渐变色"两个选项卡。如图 6-71、图 6-72 所示。单击"图案填充和渐变色"对话框右下角的按钮，将显示更多选项，可以对"孤岛"和"边界"进行设置。

1. "图案填充"选项卡

"图案填充"选项卡用于设置填充图案以及相关的填充参数。其中，"类型和图案"选项组用于设置填充的类型和图案选择。"角度和比例"选项组用于设置填充图案时的图案旋转角度和缩放比例，如图 6-73 所示。"图案填充原点"选项组用于控制生成填充图案时的起始位置。"添加：拾取点"和"添加：选择对象"用于确定填充区域。

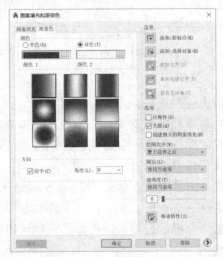

图 6-71　"图案填充"选项卡　　　图 6-72　"渐变色"选项卡

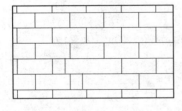

角度 0，比例 1　　　　　角度 30，比例 1　　　　　角度 0，比例 0.5

图 6-73　角度和比例的控制效果

2. "渐变色"选项卡

"渐变色"选项卡用于以渐变方式实现填充。其中,"单色"和"双色"两个单选按钮用于确定是以一种颜色填充,还是以两种颜色填充。位于选项卡中间位置的 9 个图像按钮用于确定填充方式。可以通过"居中"复选框指定对称的渐变配置,通过"角度"下拉列表框确定以渐变方式填充时的旋转角度。

3. 孤岛检测

在"图案填充和渐变色"对话框的右下角有一个箭头,单击此箭头将会出现有关图案和渐变色填充的其他选项组。"孤岛检测"是指最外层边界内的封闭区域对象将被检测为孤岛。Bhatch 使用此选项检测对象的方式取决于用户选择的孤岛检测方法。系统提供了三种检测模式:普通孤岛检测、外部孤岛检测和忽略孤岛检测,如图 6-74 所示。

"普通孤岛检测"填充模式从最外层边界向内部填充,对第一个内部岛形区域进行填充,间隔一个图形区域,转向下一个检测到的区域进行填充,如此反复交替进行。

"外部孤岛检测"填充模式从最外层的边界向内部填充,只对第一个检测到的区域进行填充,填充后就终止该操作。

"忽略孤岛检测"填充模式从最外层边界开始,不再进行内部边界检测,对整个区域进行填充,忽略其中存在的孤岛。

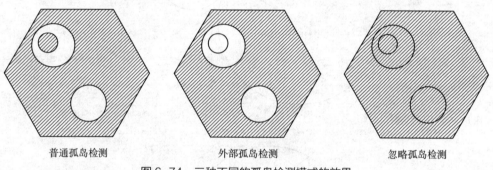

图 6-74 三种不同的孤岛检测模式的效果

【巩固练习】

在 AutoCAD 上绘制下列图形:

(1)

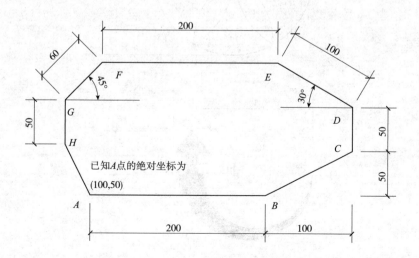

（2）

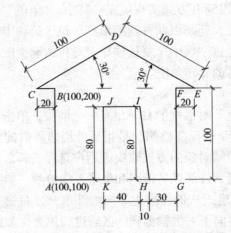

（3）

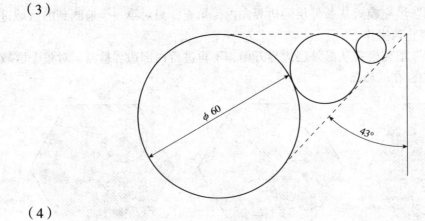

（4）

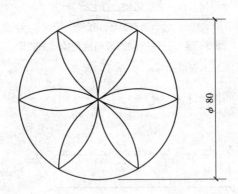

（5）

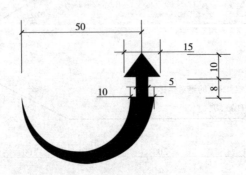

(6)

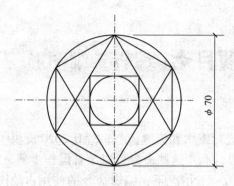

(7)

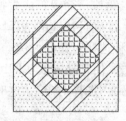 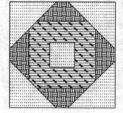 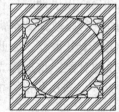 

(8)

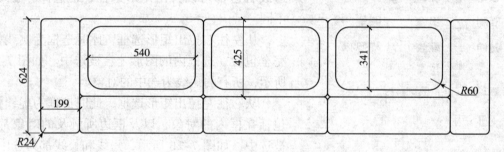

项目七 编辑二维图形

图形绘制出来难免要进行编辑和修改，AutoCAD 2020 提供了多种编辑命令，如移动、旋转、修剪、删除、镜像等，利用这些命令可以节省操作步骤，加快绘图速度。编辑命令是绘图时主要应用的工具，一般情况下，编辑命令的使用占绘图工作量的 60%~80%，编辑命令使用的次数是绘图命令的两倍多，如图 7-1 所示。

编辑修改图像时，AutoCAD 提供两种操作模式：先选择对象，再执行命令；或先执行命令，再选择对象。几乎所有的修改命令都需要选择被修改对象。准确且快速的选择图像对提高绘图效率，降低错误率十分重要。因此，AutoCAD 提供了多种选择对象的方法。

点选：常用来选择单独的对象，将选择光标对准对象进行单击，使其呈虚线状即可。

全选：使用一个编辑命令，当执行命令时，命令提示行会提示："选择对象"，这时输入"all"，便可选择所有实体。

图 7-1 "修改"功能区

窗选：这是最常用的一种选择方法，从左边或右边都可以拉出矩形选框，但选择对象又有不同。

从左往右拉出矩形选框，此时选框为实线框，完全包含在选框内的图形才会被选中。如图 7-2A 所示，所有的短线为选中的对象。

从右往左拉出矩形选框，此时选框为虚线框，包括在框内的对象，以及框边所触及的对象都会被选中，如图 7-2B 所示，短线和长线都为选中的对象。

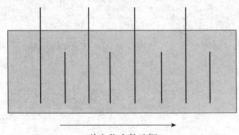
A. 从左往右拉选框

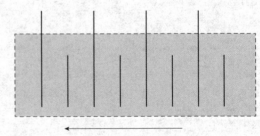
B. 从左往右拉选框

图 7-2 窗选的两种方法

AutoCAD 二维图形编辑命令可以归纳为：复制类编辑命令、改变位置类编辑命令和修改类编辑命令。

任务一　学习复制类编辑命令

【任务目标】
1. 掌握复制类编辑命令与快捷键的使用。
2. 熟练操作复制、镜像、阵列、偏移命令。
3. 熟练使用复制类编辑命令编辑家具图形。

【知识链接】

一、复制命令

复制（Copy）：创建已有图形对象的副本。

快捷键：CO 或 CP。

激活方式：

方式一：输入"CO"或"CP"后按 Enter 键。

方式二：在菜单栏中选择"修改"→"复制"。

方式三：在功能区中单击"修改"面板的"复制"图标 。

执行上述操作后，命令行提示：

选择对象：（选择要复制的对象）

指定基点或 [位移（D）模式（O）]＜位移＞：（指定一点作为复制基点）

指定位移的第二点或 [阵列（A）]＜使用第一个点作为位移＞"：（指定第二点或在键盘输入移动复制的距离）

> **例题**
>
> 如图 7-3 所示，将左侧的圆沿水平方向复制 2 个，圆心间的距离为 200 个单位。
>
> （1）命令：CO。
>
> （2）选择对象：选择左边的圆。
>
> （3）指定基点：选择左边圆的圆心。
>
> （4）指定第二个点：输入第二圆心的位移（@200,0）或打开"正交"开关，将鼠标向右拉，直接输入 200 后按 Enter 键，即可复制出中间的圆。
>
> （5）指定第二个点：输入第三圆心的位移（@400,0）或打开"正交"开关，将鼠标向右拉，直接输入 400 后按 Enter 键，即可复制出右边的圆。

图 7-3　复制命令

二、镜像命令

镜像（Mirror）：以指定的轴为对称轴将所选对象形成镜子中的反射像。

快捷键：MI。

激活方式：

方式一：输入"MI"后按 Enter 键。

方式二：在菜单栏中选择"修改"→"镜像"。

方式三：在功能区中单击"修改"面板的"镜像"图标 。

执行上述操作后,命令行提示:

选择对象:(选择要复制的对象)

指定镜像线的第一点:(指定镜像线第一点)

指定镜像线的第二点:(指定镜像线第二点)

要删除源对象吗? [是(Y)否(N)<否>]":(直接回车表示不删除源对象,选择是(Y)或输入"Y"表示删除源对象)

例题

如图 7-4 所示,将左边的柜门上所有的孔镜像到右边的柜门上。

(1)命令:MI。

(2)选择对象:框选左边柜门上所有的孔。

(3)指定镜像线的第一点:如图 7-4 所示,选择上边框线的中点。

(4)指定镜像线的第二点:如图 7-4 所示,选择下边框线的中点。

(5)直接按 Enter 键,不删除源对象,完成镜像命令,如图 7-5 所示。

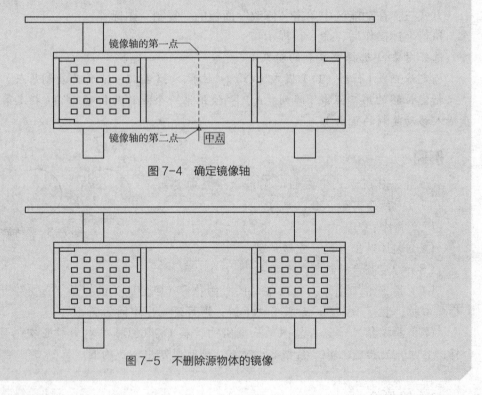

图 7-4 确定镜像轴

图 7-5 不删除源物体的镜像

三、偏移命令

偏移(Offset):创建与原始对象平行的新对象,可创建同心圆、平行线或等距曲线,又称为偏移复制。

快捷键:O。

激活方式:

方式一:输入"O"后按 Enter 键。

方式二:在菜单栏中选择"修改"→"偏移"。

方式三：在功能区中单击"修改"面板的"偏移"图标⊂。
执行上述操作后，命令行提示：
指定偏移距离或[通过（T）删除（E）图层（L）]：
• 若选择偏移距离，在键盘上输入想要偏移的距离，或在绘图区域指定一段距离作为偏移距离。
选择要偏移的对象，或[退出（E）放弃（U）]＜退出＞：（选中要偏移的对象）。
指定要偏移的那一侧的点，或[退出（E）多个（M）放弃（U）]＜退出＞：（在要偏移的方向单击，多个（M）选项用于实现多次偏移复制）
• 若选择通过（T），使复制后得到的对象通过指定的点。
• 若选择删除（E），在偏移源对象后删除源对象。
• 若选择图层（L），选择将偏移对象创建在当前图层上还是源对象所在图层上。

例题

如图7-6所示，将半径为100的圆向内和向外各偏移40。
（1）命令：O。
（2）指定偏移距离：40。
（3）选择要偏移的对象：选择半径为100的圆。
（4）指定要偏移的那一侧的点：在圆内侧点击。
（5）选择要偏移的对象：选择半径为100的圆。
（6）指定要偏移的那一侧的点：在圆外侧点击。

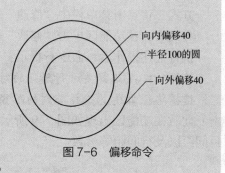

图7-6 偏移命令

四、阵列命令

阵列（Array）：是指将选中的对象按一定规律进行矩形、环形或按一定路径进行多重复制。阵列分为矩形阵列、路径阵列和环形阵列。

（1）矩形阵列

矩形阵列：按照矩形方向在长宽方向进行阵列。

激活方式：

方式一：输入"AR"后按Enter键。

方式二：点击菜单栏中"修改"→"矩形阵列"。

方式三：在功能区单击"修改"面板的"矩形阵列"图标▦。

执行上述操作后，命令行提示：

选择对象：（选择要进行阵列的对象）

此时在功能区出现如图7-7所示的界面，在此界面中设置矩形阵列的行数、列数、行间距、列间距等参数。

图7-7 矩形阵列参数设置

例题

如图7-8所示,将半径为100的圆进行矩形阵列。
(1)命令:AR。
(2)选择对象:选择圆为对象。
(3)参数设置:如图7-7所示,在"列数"栏输入"4","列数"下面的"介于"表示列间距,输入400,"行数"栏输入"3","行数"下面的"介于"表示行间距,输入"300",点击"关闭阵列"即可完成操作。

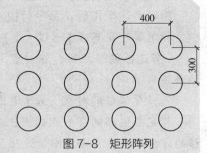

图7-8 矩形阵列

(2)路径阵列

路径阵列:沿整个路径或部分路径平均分布对象副本。
激活方式:
方式一:输入"AR"后按Enter键。
方式二:点击菜单栏中"修改"→"路径阵列"。
方式三:在功能区单击"修改"面板的"路径阵列"图标 。
执行上述操作后,命令行提示:
选择对象:(选择要进行阵列的对象)
选择路径曲线:(选择阵列的路径曲线)
此时在功能区出现如图7-9所示的界面,在此界面中可以设置阵列的行数、列数、项目间距以及行间距等参数。

图7-9 路径阵列参数设置

例题

如图7-10所示,将圆沿弧形路径进行阵列。
(1)命令:AR。
(2)选择对象:选择圆为对象。
(3)选择路径曲线:选择圆弧为路径。
(4)参数设置:如图7-9所示,"项目数"下的"介于"表示阵列项目的间距,输入"380","行数"栏输入"2","行数"下"介于"表示行距,输入"300",点击"关闭阵列"即可完成操作。

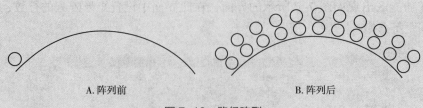

A.阵列前　　　　　　　　　B.阵列后

图7-10 路径阵列

（3）环形阵列

环形阵列：通过围绕指定的中心点或旋转轴复制选定对象来创建阵列。

激活方式：

方式一：输入"AR"后按 Enter 键。

方式二：点击菜单栏中"修改"→"环形阵列"。

方式三：在功能区单击"修改"面板的"环形阵列"图标 。

执行上述操作后，命令行提示：

选择对象：(选择要进行阵列的对象)

指定阵列的中心点或[基点（B）旋转轴（A）]：(选择阵列的中心点)

此时在功能区出现如图 7-11 所示的界面，在此界面中可以设置环形阵列的项目数、行数、项目夹角以及行间距等。

图 7-11　环形阵列参数设置

例题

如图 7-12 所示，将椅子绕桌面进行环形阵列。

（1）命令：AR。

（2）选择对象：选择椅子为阵列对象。

（3）指定阵列中心点：选择桌面的圆心作为阵列的中心点。

（4）参数设置：如图 7-11 所示，在"项目数"一栏中输入"6"，点击"关闭阵列"即可完成操作。

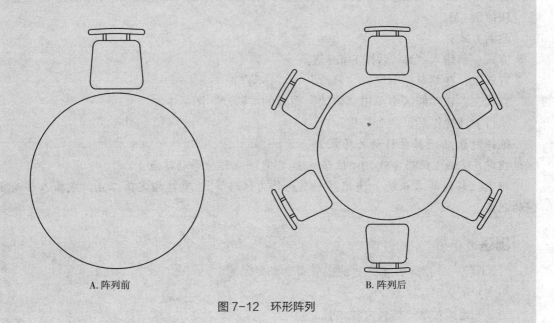

A.阵列前　　　　　　　　　　　　B.阵列后

图 7-12　环形阵列

【巩固练习】

运用所学命令绘制下列家具。

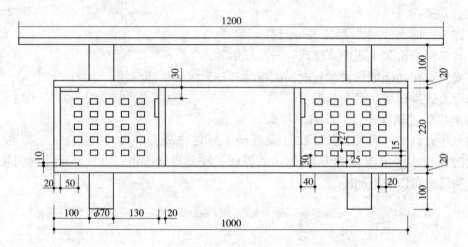

任务二　学习改变位置类编辑命令

【任务目标】

1. 掌握改变位置类编辑命令与快捷键的使用。
2. 熟练操作移动、旋转、缩放、拉伸、拉长等命令。
3. 熟练使用改变位置类编辑命令编辑家具图形。

【知识链接】

一、移动命令

移动（Move）：将选中对象从当前位置移动到另一位置，即更改图形在图纸上的位置。

快捷键：M。

激活方式：

方式一：输入"M"后按 Enter 键。

方式二：在菜单栏中选择"修改"→"移动"。

方式三：在功能区中单击"修改"面板的"移动"图标✥。

执行上述操作后，命令行提示：

选择对象：（选择要移动的对象）

指定基点或 [位移（D）]<位移>：（指定一点作为移动基点）

指定位移的第二点或<使用第一个点作为位移>"（直接指定第二点，或输入移动复制的距离）。

例题

如图 7-13 所示，将左边的圆移动到指定位置。

（1）命令：M。

（2）选择对象：选择左边的圆。

（3）指定基点：选择左边圆的圆心。
（4）指定第二个点：选择直线的右端点。

A. 移动前　　　　　B. 移动后

图 7-13　移动圆到指定位置

二、旋转命令

旋转（Rotate）：是将对象绕指定的基点旋转一个角度。
快捷键：RO。
激活方式：
方式一：输入"RO"后按 Enter 键。
方式二：在菜单栏中选择"修改"→"旋转"。
方式三：在功能区中单击"修改"面板的"旋转"图标⟲。
执行上述操作后，命令行提示：
选择对象：（选择要旋转的对象）
指点基点：（指定一点作为旋转基点）
指定旋转角度，或 [复制（C）参照（R）]：
• 若选择旋转角度，直接输入角度值，所选对象会绕基点转动该角度。在默认设置下，角度为正沿逆时针方向旋转，反之则沿顺时针方向旋转。
• 若选择"复制（C）"，创建出旋转对象后仍保留原对象。
• 若选择"参照（R）"，AutoCAD 会根据参照角度与新角度的值自动计算旋转角度（旋转角度＝新角度－参照角度），对象会绕基点旋转该新角度。

例题

将图 7-14 中打开的柜门用旋转命令关闭。

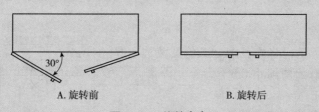

A. 旋转前　　　　　B. 旋转后

图 7-14　旋转命令

（1）左侧柜门旋转
①命令：RO。
②选择对象：选择左边的柜门。
③指定基点：选择柜门与柜子的交点作为旋转基点。
④指定旋转角度：输入"30"。完成左边柜门旋转操作。
（2）右侧柜门旋转。柜门的旋转角度未知，因此需要按照参照方式进行旋转。

①命令：RO。
②选择对象：选择右边的柜门。
③指定基点：选择柜门与柜子的交点作为旋转基点。
④指定旋转角度，或[复制（C）参照（R）]：输入R，或点击命令行中的"参考（R）"。
⑤指定参照角：如图7-15所示，选择点1作为参照角第一点；指定第二点：选择点2作为参照角第二点。
⑥指定新角度或[点（P）]：选择柜门要旋转的角度线上的任意一点3，如图7-15所示，完成右边柜门的旋转操作。

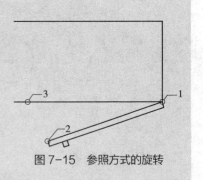

图7-15 参照方式的旋转

三、缩放命令

缩放（Scale）：是指按照一定的比例放大或缩小指定的对象。

快捷键：SC。

激活方式：

方式一：输入"SC"后按Enter键。

方式二：在菜单栏中选择"修改"→"缩放"。

方式三：在功能区中单击"修改"面板的"缩放"图标。

执行上述操作后，命令行提示：

选择对象：（选择要缩放的对象）

指定基点：（指定一点作为A基点）

指定比例因子或[复制（C）参照（R）]：

• 若选择指定比例因子，则输入比例因子后按Enter键或Space键，所选对象根据比例因子相对于基点缩放。注意：0<比例因子<1时，对象缩小，比例因子>1时，对象放大。

• 若选择"复制（C）"，创建出缩放对象后仍保留原对象。

• 若选择"参照（R）"，AutoCAD会根据参照长度与新长度的值自动计算比例因子，此时，比例因子＝新长度值÷参照长度值。

例题

如图7-16所示，将直径为200的圆放大1.5倍，将直径为300的圆缩小0.5倍。

（1）命令：SC。

（2）选择对象：选择直径为200的圆。

（3）指定基点：选择直径为200的圆的圆心。

（4）指定比例因子：输入1.5，完成放大圆的操作。

同上操作，选择直径为300的圆和圆心，将比例因子设为0.5，完成缩小圆的操作。

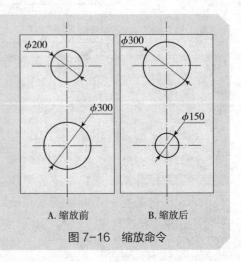

图7-16 缩放命令

四、拉伸命令

拉伸（Stretch）：可以修改对象的长度和圆弧的包含角。

快捷键：S。

激活方式：

方式一：输入"S"后按 Enter 键。

方式二：在菜单栏中选择"修改"→"拉伸"。

方式三：在功能区中单击"修改"面板的"拉伸"图标 。

执行上述操作后，命令行提示：

选择对象：（选择待拉伸对象，注意：对象选择一定要从右往左进行窗选）

指定基点或 [位移（D）]：（指定一点作为拉伸基点）

指定第二个点或 < 使用第一个点作为位移 >：（指定位移的另一点）

例题

如图 7-17 所示，拉伸命令的应用。

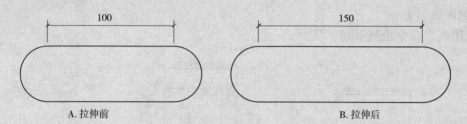

A. 拉伸前　　　　　　　　　B. 拉伸后

图 7-17　拉伸命令

（1）命令：S。

（2）选择对象：选择需要拉伸的对象。注意：不要把整个图形都选中，窗选的方向要从右到左，如图 7-18 所示。

（3）指定基点：在拉伸对象内任选一点作为基点。

（4）指定第二个点：输入拉伸值 50，完成拉伸操作。

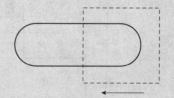

图 7-18　选择拉伸对象

五、拉长命令

拉长（Lengthen）：是将某个对象的尺寸在一定方向上进行拉长或缩短。

快捷键：LEN。

激活方式：

方式一：输入"LEN"后按 Enter 键。

方式二：在菜单栏中选择"修改"→"拉长"。

方式三：在功能区中单击"修改"面板的"拉长"图标 。

执行上述操作后，命令行提示：

选择要测量的对象或 [增量（DE）百分比（P）总计（T）动态（DY）]：

- 若选择增量（DE），将对象拉长一定长度。增量如果是负值，可以将对象缩短。
- 若选择百分比（P），将对象按百分比增长或缩短。

- 若选择总计（T），将对象拉长为指定长度。
- 若选择动态（DY），用光标来确定图形一侧端点的位置。

例题

将长为 200 的直线拉长为 250，如图 7-19 所示。
（1）命令：LEN。
（2）选择增量：输入"DE"。
（3）输入长度增量：输入"50"作为增量。
（4）在直线的一端单击，完成操作。

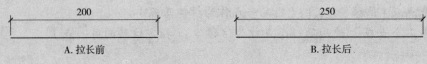

A. 拉长前　　　　　　　　　　B. 拉长后

图 7-19　拉长命令

【巩固练习】

运用所学命令绘制下列家具。

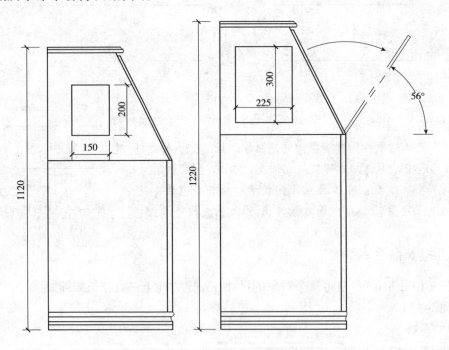

任务三　学习修改类编辑命令

【任务目标】

1. 掌握修改类编辑命令与快捷键的使用。
2. 熟练操作删除、修剪、延伸、打断、倒角等修改类编辑命令。
3. 熟练使用修改类编辑命令编辑家具图形。

【知识链接】

一、删除命令

删除（Erase）：类似于橡皮擦，可以擦去图纸上不需要的内容。

快捷键：E。

激活方式：

方式一：输入"E"后按 Enter 键。

方式二：在菜单栏中选择"修改"→"删除"。

方式三：在功能区中单击"修改"面板的"删除"图标 。

执行上述操作后，命令行提示：

选择对象：（选取要删除的对象后，按 Enter 键，或点击鼠标左键，即可删除选中对象）

小贴士

怎样快速删除对象？

想要快速删除对象，只需先选中想要删除的对象，然后按键盘上的 Delete 键即可。

二、修剪命令

修剪（Trim）：是将对象的某一部分从指定边界以外的部分裁掉或擦除。

快捷键：TR。

激活方式：

方式一：输入"TR"后按 Enter 键。

方式二：在菜单栏中选择"修改"→"修剪"。

方式三：在功能区单击中"修改"面板的"修剪"图标 。

执行上述操作后，命令行提示：

选择对象<全部选择>：（选择作为修剪边界的对象，按鼠标左键或 Enter 键确认）

• 若执行<全部选择>，则按 Enter 键或 Space 键选择全部对象。

命令行提示："选择要修剪的对象，按住 Shift 键选择要延伸的对象，或 [栏选（F）窗交（C）投影（P）边（E）删除（R）]"，（单击要修剪的对象，全部修剪完毕后按 Enter 键或鼠标右键结束命令）

• 若选择栏选（F）：以栏选方式确定被修剪对象。

• 若选择窗交（C）：使与选择窗口边界相交的对象作为被修剪对象。

• 若选择投影（P）：选择执行修剪操作的空间。

• 若选择边（E）：选择剪切边的隐含延伸模式。

• 若选择删除（R）：删除指定对象。

小贴士

绘图中为提高绘图效率，在选择修剪对象时，一般直接执行"全部选择"，让所有对象成为边界，再修剪对象。

例题

如图 7-20 所示，完成修剪命令。
（1）命令：TR。
（2）选择修剪边界：按 Enter 键，全部选择。
（3）选择要修剪的对象：选择图 7-20B 中的虚线，完成修剪。

A. 修剪前　　　　B. 修剪对象　　　　C. 修剪后

图 7-20　修剪命令

三、延伸命令

延伸（Extend）：将指定的对象延伸到指定的边界。"延伸"命令的操作类似于"修剪"命令，但操作结果与之相反。

快捷键：EX。

激活方式：

方式一：输入"EX"后按 Enter 键。

方式二：在菜单栏中选择"修改"→"延伸"。

方式三：在功能区中单击"修改"面板的"修剪"下拉选项"延伸"图标 →。

执行上述操作后，命令行提示：

选择对象＜全部选择＞：（选择作为延伸边界的对象）

• 若执行＜全部选择＞，则按 Enter 键或 Space 键选择全部对象。

选择要延伸的对象，按住 Shift 键选择要修剪的对象，或 [栏选（F）窗交（C）投影（P）边（E）删除（R）]"，（选择要延伸的对象，延伸完毕后按 Enter 键或鼠标右键结束命令）。

例题

如图 7-21 所示为将短线延伸至上下两条直线。
（1）命令：EX。
（2）选择延伸边界：按 Enter 键，全部选择。
（3）选择要延伸的对象：分别选择要延伸直线的两端。

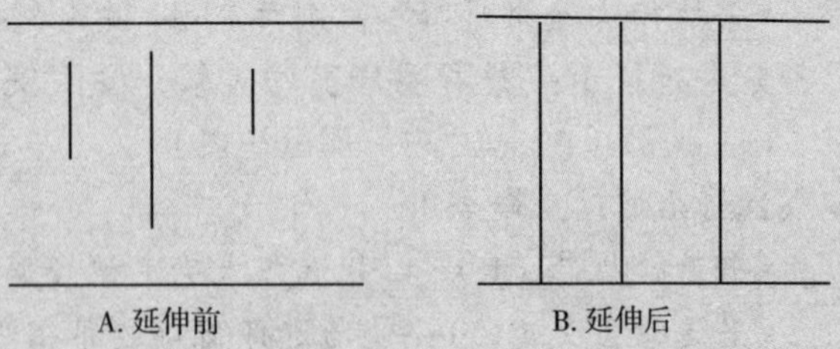

A. 延伸前　　　　B. 延伸后

图 7-21　延伸命令

四、打断命令

打断（Break）：是在两点之间打断选定的对象，并删除打断的一部分。

快捷键：BR。

激活方式：

方式一：输入"BR"后按 Enter 键。

方式二：在菜单栏中选择"修改"→"打断"。
方式三：在功能区中单击"修改"面板的"打断"图标□。
执行上述操作后，命令行提示：
选择对象：（选择作为打断对象的实体）
指定第二个打断点或[第一点（F）]：
• 若选择指定第二打断点：直接在打断对象上单击，则这一点被默认为第二点，上一步选择对象时单击点被默认为打断的第一点，选择对象将在此两点间被打断。
• 若选择第一点（F）：则重新定义打断第一点位置，在选择打断第二点后，选择对象将在两点间被打断。

例题

如图 7-22 所示为打断命令的应用。
（1）命令：BR。
（2）选择打断对象：选择圆作为打断对象。
（3）选择打断点：输入"F"后，选择两个打断点，如图 7-22A 所示。
若选择左边点作为打断第 1 点，选择右边点作为打断第 2 点，则打断情况如图 7-22B 所示；
若选择右边点作为打断第 1 点，选择左边点作为打断第 2 点，则打断情况如图 7-22C 所示。

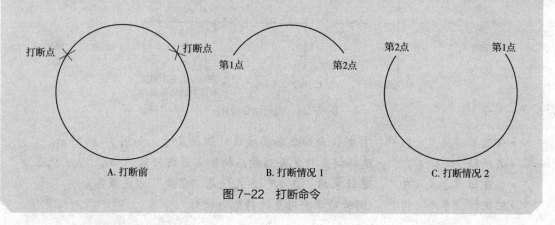

图 7-22　打断命令

五、合并命令

合并（Join）：可以将直线、圆弧、椭圆弧和样条曲线等独立的对象合并成为一个完整的对象。
快捷键：J。
激活方式：
方式一：输入"J"后按 Enter 键。
方式二：在菜单栏中选择"修改"→"合并"。
方式三：在功能区中单击"修改"面板的"合并"图标➤➤。
执行上述操作后，命令行提示：

选择源对象或要一次合并的多个对象,(选择要合并的对象)

如图 7-23 所示,图形由 4 条线组成,合并命令可以将其变成一个完整的图形。

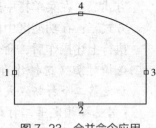

图 7-23 合并命令应用

六、倒角命令

倒角(Chamfer):是以指定距离斜切选定交线的两条边,使相交的两条直线交点处形成倒角。

快捷键:CHA。

激活方式:

方式一:输入"CHA"后按 Enter 键。

方式二:在菜单栏中选择"修改"→"倒角"。

方式三:在功能区中单击"修改"面板中圆角的下拉选项"倒角"图标　　。

执行上述操作后,命令行提示:

选择第一条直线或[放弃(U)多段线(P)距离(D)角度(A)修剪(T)方式(E)多个(M)]:(选择要倒角的直线)

• 若选择"多段线(P)":可以对多段线的每一个顶点进行倒角操作。

• 若选择"距离(D)":设置倒角的两个斜线距离。若将倒角距离设为 0,则倒角时两个对象交于一点,如图 7-24 所示。

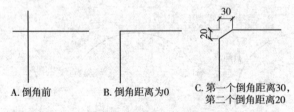

图 7-24 倒角命令应用一

• 若选择"角度(D)":根据倒角距离和角度设计倒角尺寸,如图 7-25 所示。

• 若选择"修剪(T)":选择倒角后是否对相应的倒角进行修剪,如图 7-26 所示。

• 若选择"方式(E)":选择采用"距离"方式还是"角度"方式来倒角。

• 若选择"多个(U)":同时对多个对象进行倒角操作。

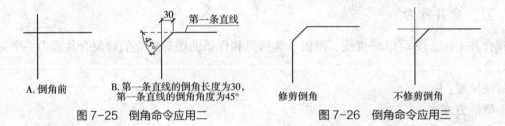

图 7-25 倒角命令应用二　　图 7-26 倒角命令应用三

七、圆角命令

圆角(Fillet):利用指定半径的圆弧光滑地连接两个对象。

快捷键:F。

激活方式：
方式一：输入"F"后按 Enter 键。
方式二：在菜单栏中选择"修改"→"圆角"。
方式三：在功能区中单击"修改"面板的"圆角"图标⌒。
执行上述操作后，命令行提示：
选择第一个对象或 [放弃（U）多段线（P）半径（R）修剪（T）多个（M）]:（选择要倒圆角的对象）

• 若选择"多段线（P）"，可以对多段线的每一个顶点进行圆角操作。
• 若选择"半径（R）"，设置圆角的半径。若将半径设为 0，则倒角为直角，如图 7-27 所示。
• 若选择修剪（T），选择是否对相应的圆角进行修剪。

这些操作类似于倒角命令，具体可参照上一个命令"倒角"。

图 7-27 圆角命令应用

八、光顺曲线命令

光顺曲线（Blend）：是在两条开放曲线的端点之间创建相切或平滑的样条曲线。
激活方式：
方式一：在菜单栏中选择"修改"→"光顺曲线"。
方式二：在功能区中单击"修改"面板中圆角下拉选项"光顺曲线"图标 。
执行上述操作后，命令行提示：
选择第一个对象或 [连续性（CON）]:（选择要连接的曲线的端点处）
• 若选择"连续性（CON）"，则设置两条开放曲线间的连续性是相切还是平滑。
如图 7-28 所示为光顺曲线的应用。

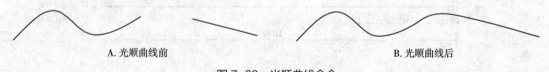

图 7-28 光顺曲线命令

九、分解命令

分解命令（Explod）：也称炸开命令，可以将多段线、块、标注和面域等合成对象分解成部件对象。
激活方式：
方式一：在菜单栏中选择"修改"→"分解"。
方式二：在功能区中单击"修改"面板的"分解"图标🗇。
执行上述操作后，命令行提示：
选择对象:（选择想要分解的图形）
图形被分解后，往往从一个整体变成多个小个体。

【巩固练习】

运用所学命令绘制下列家具。

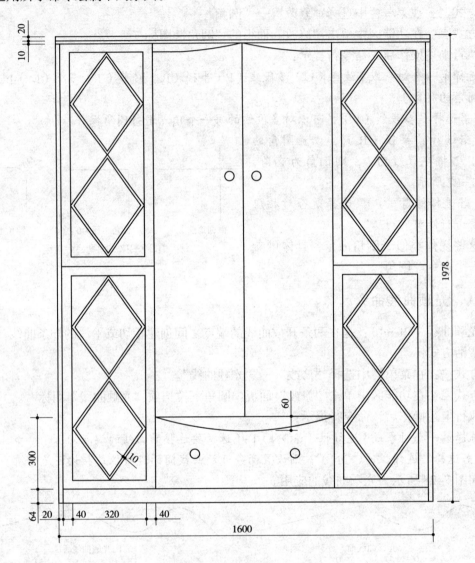

项目八 注释工具与正等测图绘制

在 AutoCAD 中,注释是指用于向模型中添加信息的文字、标注、公差、符号、说明以及其他类型的说明符号或说明对象。如图 8-1 所示,为 AutoCAD 功能区中的注释性工具,包括文字、表格、标注和引线。

图 8-1 注释功能区

任务一 学习文字与表格工具

【任务目标】
1. 掌握文字、表格样式的设置方法。
2. 熟练创建单行文字和多行文字。
3. 熟练绘制家具图纸中的各类表格。

【知识链接】

一、文字工具

完整的图纸会包括各种文字注释,如标题栏信息、文字注释、技术要求等。AutoCAD 提供了多种文字注释的方法。

输入简短的文字可使用单行文字工具,输入带有某种格式的较长的文字可以使用多行文字工具,使用多行文字工具也可以输入带有引线的多行文字。

所有输入的文字都应用文字样式,包括相应字体和格式的设置以及字体外观的定义。

1. 文字样式

AutoCAD 图形中所有文字的特征都是由文字样式来控制的。输入文字时,默认使用的是当前被设置的文字样式,包括字体、字号、高度和其他文字特征的信息。

用户可以自己创建和加载新的字体样式,并进行修改特征、更改名称或者在不需要的时候进行删除等操作。

可以通过以下方式打开"文字样式"对话框:

方式一:在命令行输入"STYLE",或直接输入快捷键"ST";

方式二:在菜单栏选择"格式"→"文字样式";

方式三：在功能区单击"注释"面板的"文字样式"图标 A。

运行命令后，弹出"文字样式"对话框，如图 8-2 所示：

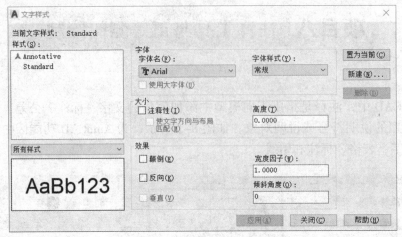

图 8-2 "文字样式"对话框

（1）样式

"样式"列表框列有当前已定义的文字样式，用户可以从中选择对应的样式作为当前样式或进行样式修改，也可以通过点击"新建"按钮来打开"新建文字样式"对话框，创建新的文字样式，指定个人习惯的字体和效果或引用统一的形式。

（2）字体

"字体"选项组用于确定所采用的字体名和字体样式。

（3）大小

"大小"选项组用于指定文字的高度。"注释性"的选项可以让同一图形在不同比例的布局窗口里文字显示的高度保持一致，不用烦琐地设置不同的全局比例和文字高度。"高度"一栏，如果设置为 0.00，那么再输入文字时，将会再次提示输入文字高度，如果在此预先设置好高度，那么文字的输入就会默认这里的高度。

（4）效果

"效果"选项组包括文字颠倒、反向、垂直、宽度因子、倾斜角度（值为正数时文字向右倾斜，值为负数时文字向左倾斜）的设置，选择后可以在预览栏看到效果。

2. 单行文字

单行文字适用于字体单一、内容简单、一行就可以容纳的注释文字，如家具名称的标注等。其优点在于，使用单行文字命令输入的文字，每一行是一个编辑对象，可以方便地移动、旋转、删除。

可以通过以下方法调用"单行文字"命令：

方式一：在命令行输入"TEXT"；

方式二：在菜单栏选择"绘图"→"文字"→"单行文字"；

方式三：在功能区单击"文字"下拉菜单中的"单行文字"，如图 8-3 所示。

执行上述操作后，命令行提示：

指定文字的起点或 [对正（J）样式（S）] :（点击文字行起点位置）

指定高度:（输入数值后，按 Enter 键或 Space 键）

指定文字的旋转角度：(输入文字的旋转角度，水平是0°，垂直是90°，按 Enter 键或 Space 键确定)

当指定文字起点的位置出现闪动的光标，提示输入文字时，输入需要的文字，按 Enter 键可换行继续输入下一行，连续两次按 Enter 键结束单行文字命令。

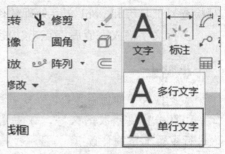

图 8-3　单行文字图标

小贴士

单行文字如何修改？

双击需要修改的文字，或者选中后按 Enter 键或 Space 键，即可进行单行文字的修改。

3. 多行文字

多行文字适用于字体复杂、字数多甚至整段的文字。使用多行命令输入后，文字可以由任意数目的文字行或段落组成，在指定的宽度内布满，可以沿垂直方向无限延伸。

不论行数多少，单个编辑任务创建的段落将构成单个对象。用户可对其进行移动、旋转、删除、复制、镜像等操作。

多行文字的编辑项目要比单行文字多。如可以对段落中的单个字符、词语或短语添加下划线、更改字体、变换颜色、调整文字高度等。

可以通过以下的方法调用"多行文字"命令：

方式一：在命令行输入"MTEXT"；

方式二：在菜单栏选择"绘图"→"文字"→"多行文字"；

方式三：在功能区单击"文字"下拉菜单中的"多行文字"，如图 8-4 所示。

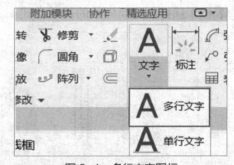

图 8-4　多行文字图标

执行上述操作后，命令行提示：

指定第一角点：(在绘图区域单击选择文字第一角点)

指定对角点或[高度(H)对正(J)行距(L)旋转(R)样式(S)宽度(W)栏(C)]：(可以通过命令行输入字母来调节相应特征，调整后再指定对角点，这时会弹出一个由顶部带标尺的边框，软件功能区切换为多行文字的编辑器，如图 8-5 所示)

输入文字的大多数特征由文字样式控制。多行文字的编辑，如格式、段落、插入、拼

图 8-5　多行文字编辑器

写检查、工具等和 word 文字处理软件相似，此处不再赘述。

多行文字输入完成后，点击功能区的"关闭文字编辑器"，即可完成操作。

小贴士

多行文字如何修改？

双击需要修改的文字，或者选中后按 Enter 键或 Space 键，出现文字编辑器即可进行多行文字的修改

二、表格工具

表格在家具图样中很常见，如家具的装配图，通常都会在图样的右下角使用表格列出零部件的尺寸、材料、个数等明细。在 AutoCAD 中可以使用表格来创建。

1. 表格样式

在插入表格前，首先要定义表格样式。可以通过以下方式打开"表格样式"对话框：

方式一：命令行输入：TABLESTYLE；

方式二：在菜单栏选择"格式"→"表格样式"；

方式三：在功能区单击"注释"下拉菜单中的图标▦。

运行命令后，弹出"表格样式"对话框，如图 8-6 所示。

在"表格样式"对话框点击"新建"，打开"创建新的表格样式"对话框，如图 8-7 所示，可以通过"新样式名"文本框来输入新表格样式的名称；通过"基础样式"下拉列表框来选择创建新样式的基础样式。

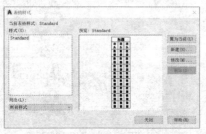
图 8-6 "表格样式"对话框

图 8-7 "创建新的表格样式"对话框

单击"继续"按钮，弹出如图 8-8 所示的"新建表格样式"对话框。

A. "常规"选项卡

B. "文字"选项卡

C. "文字"选项卡

图 8-8 "新建表格样式"对话框

如图 8-8A 所示，"常规"选项卡中，"表格方向"可以设置表格读取方向。"向下"

表示自上而下读取表格，也就是标题和表头在上方，"向下"则相反。

"单元样式"中，可以看到表格的 3 种单元样式：标题、表头和数据。一般情况下，使用这三者即可创建满足各种要求的表格样式。用户可以通过"常规""文字"和"边框"选项卡分别指定各单元样式的基本特性、文字特性和边框特性。

2. 创建表格

完成表格样式的定义后，可使用所定义的表格样式创建表格。在命令行输入"TABLE"或单击注释功能区的"表格"图标，都可以打开如图 8-9 所示的"插入表格"对话框。

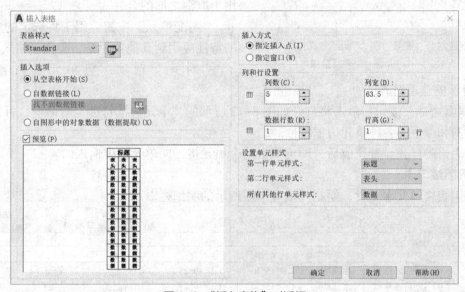

图 8-9 "插入表格"对话框

一般情况下，选择"从空表格开始"插入表格。

"插入方式"选项中提供以下两种方式：

指定插入点：如果表格方向向下，指定的插入点将确定表格的左上角点；如果表格方向向上，插入点将确定表格的左下角点。

指定窗口：指定的窗口将确定表格的大小和位置。

"行和列设置"中，可以设置表格的列数、列宽、行数和行高。注意：这里的行数为"数据行数"，不包括标题和表头，"行高"也不是具体值，而是通过指定行数来确定行高。

完成设置后，单击"确定"，在绘图区合适的位置，指定表格插入点。此时系统要求输入表格的内容。如果在表格外单击鼠标左键，可以退出单元格内容的设置。

在使用表格时，用户常常需要对表格单元进行设置。单击任意单元格，在功能区会出现如图 8-10 所示的"表格单元"选项，具体如下：

"行"面板：选定单元格，单击"从上方插入"或"从下方插入"按钮，可在单元格

图 8-10 "表格单元"选项

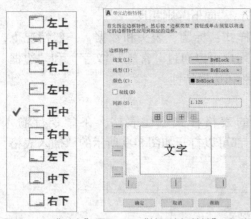

图8-11 "对齐" 选项菜单　图8-12 "单元边框特性"对话框

上方或下方插入行；单击 "删除行" 按钮，将删除单元格所在的行。

"列" 面板：同 "行" 面板。用于在选定单元格的左侧或右侧插入列，或删除单元格所在列。

"合并" 面板：将选定的单元格合并到一个大单元中。可选择 "合并全部"、"按行合并" 或 "按列合并"；"取消合并单元" 按钮用于取消之前的合并。

"匹配单元" 按钮：用于将选定的单元格的特性应用到其他单元格，类似于格式刷。

"对齐" 选项：将单元格内容如图 8-11 所示的选项对齐。

"编辑边框" 按钮：单击将打开如图 8-12 所示的 "单元边框特性" 对话框，可设置线宽、线型和颜色等各种单元边框特性。

在表格的样式设置完成后，即可双击某个单元格，向单元格中输入内容。

【巩固练习】

运用表格和文字工具，绘制并填写下图所示的明细栏。

04							设计	
03	后三角木	水曲柳	120*45*30	110*40*25	3		制图	
02	前三角木	水曲柳	120*45*30	110*40*25	2		校对	
01	前立水	水曲柳	460*65*30	448*60*25	1		日期	
序号	名称	材料	毛料尺寸	净料尺寸	数量	备注	审批	

任务二　学习尺寸标注

【任务目标】

1. 掌握家具制图中尺寸样式的设置。
2. 熟练掌握各类尺寸标注的方法。
3. 熟练运用智能尺寸工具创建尺寸标注。
4. 掌握多重引线的样式设置和创建方法。

【知识链接】

一、尺寸标注的基本概念

无论是家具制图还是室内制图，完整的图纸都必须包括尺寸标注。在 AutoCAD 中，一个完整的尺寸一般由尺寸线、尺寸界线、尺寸文字和尺寸箭头 4 个部分组成，如图 8-13 所示。

尺寸线：在家具制图规范中为细实线，用于指示标注的方向和范围，对于角度标注，尺寸线是一段圆弧。

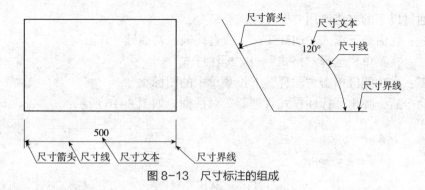

图 8-13 尺寸标注的组成

尺寸箭头：也称起止符号，显示在尺寸线的两端，指示标注的起始位置。因各行业制图标准不同，箭头也可以由斜线、点或其他标记代替。如家具制图中对于直线的标注，一般使用斜线的方式，如图 8-14 所示。

尺寸界线：与尺寸线相垂直，是尺寸标注的边界。

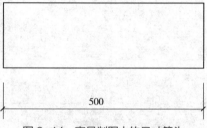

图 8-14 家具制图中的尺寸箭头

尺寸标注显示了对象的测量值，对象之间的距离、角度或者特征，距指定原点的距离。标注可以是水平、垂直、对齐、连续等式样。

AutoCAD 中提供了对各种标注对象设置标注格式的方法，可以在各个方向、各个角度对对象进行标注，如图 8-15 所示。也可以创建符合行业标准规范的标注样式，从而达到快速标注图形的目的。

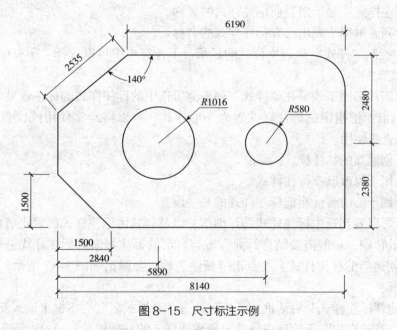

图 8-15 尺寸标注示例

二、标注样式

尺寸标注样式用于设置尺寸标注的具体格式，如尺寸文字采用的样式，尺寸线、尺寸界线以及尺寸箭头的标注设置等，以满足不同行业或不同国家的尺寸标注要求。

可以通过以下的方法调用"标注样式"命令：

方式一：在命令行输入"DIMSTY"，或直接输入快捷键"D"；

方式二：在菜单栏选择"格式"→"标注样式"；

方式三：在功能区单击"注释"下拉菜单中的图标 。

运行命令后，弹出"标注样式管理器"对话框，如图 8-16 所示：

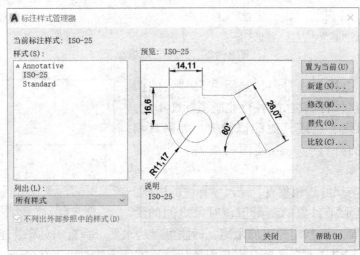

图 8-16 "标注样式管理器"对话框

"标注样式管理器"中各按键的说明如下：

• 当前标注样式：显示出当前标注样式的名称。

• 样式：列表框用于列出已有标注样式的名称。

• 列出：控制"样式"列表中样式的显示。下拉菜单中可以选择"所有样式"和"正在使用的样式"。

• 预览：图片框用于预览在"样式"列表框所选中的标注样式的标注效果。

• 置为当前：把指定的标注样式置为当前样式。可以将经常使用或设置好的的样式"置为当前"直接使用。

• 新建：创建新的标注样式。

• 修改：用于修改已有标注样式。

• 替代：用于临时替代当前标注样式的某些设置。

• 比较：可以看到选中标注样式的详细信息以及与其他标注样式的对比信息。

在家具设计中，一般需要结合行业标准与自己的标注习惯对标注样式进行重新设定，那么就需要创建新的标注样式。在点击"新建"后，会弹出如图 8-17 所示"创建新标注样式"对话框。

在"创建新标注样式"对话框中，可以通过"新样式名"文本框来输入新标注样式的名称；通过"基础样式"下拉列表框确定创建新样式的基础样式；通过"用于"下拉列表框确定新建标注样式的适用范围。

确定好相关设置后，单击"继续"按钮，弹出如图 8-18 所示的"新建标注样式"的对话框。

"新建标注样式"对话框中有"线""符号和箭头""文字""调整""主单位""换算单

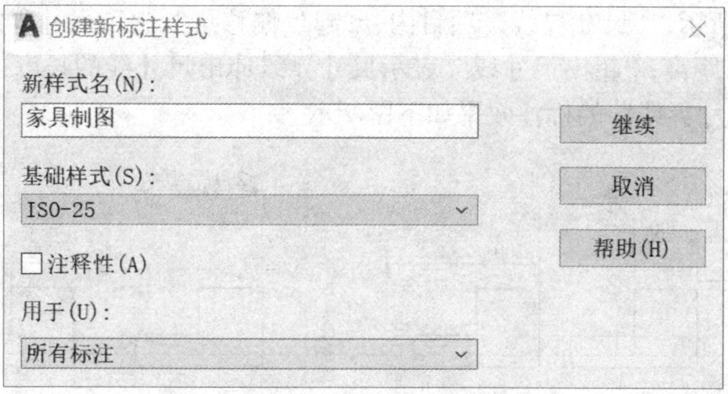

项目八 注释工具与正等测图绘制 137

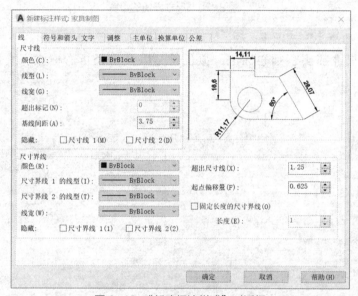

图 8-17 "创建新标注样式"对话框

图 8-18 "新建标注样式"对话框

位""公差"7 个选项卡。其中修改的设置值可以通过按 Enter 键使其在预览栏中显示，以观察效果，下面分别介绍。

（1）"线"选项卡

设置尺寸线和尺寸界线的格式与属性。如图 8-19 所示，"尺寸线"项目内，"超出标记"表示尺寸线超出尺寸界线的长度；"基线间距"表示设置基线标注时，内外两个层级标注尺寸线之间的间距；"隐藏尺寸线"指不显示尺寸线。

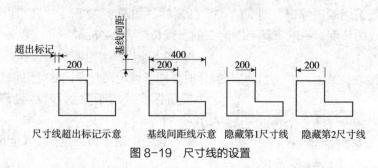

图 8-19 尺寸线的设置

如图 8-20 所示,"尺寸界线"项目内,"起点偏移量"表示尺寸界线的起点与标注定义点之间的偏移距离;"超出尺寸线"表示尺寸界线伸出尺寸线的长度;"固定长度尺寸线"和"隐藏尺寸界线"的标注效果如下图所示。

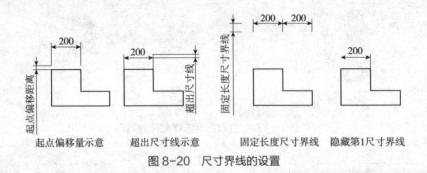

图 8-20 尺寸界线的设置

(2)"符号和箭头"选项卡

用于设置尺寸箭头、圆心标记、弧长符号以及半径折弯标注、线性折弯标注,如图 8-21 所示。

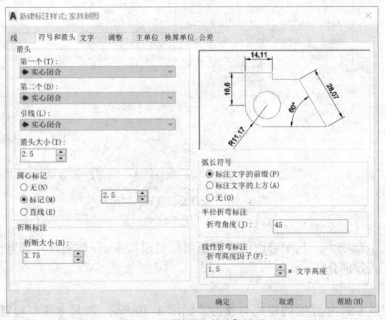

图 8-21 "符号和箭头"选项

在"箭头"项中,可以选择本行业惯用的箭头样式,并根据制图规范制定箭头的大小。家具制图中一般选用倾斜标记,即细的 45°的斜线,如图 8-22 所示。还可以设置箭头的大小,也就是斜线的长度,一般家具制图箭头的斜线长度为 2~3mm。

"圆心标记",当对圆或圆弧执行标注圆心标记操作时,用于确定圆心标记的类型和大小。

折断标注:用于显示和设定折断标注的间隙大小。

图 8-22 家具制图的箭头样式

弧长符号:用于为圆弧标注长度尺寸时的设置。

半径折弯标注：用于设置标注折弯的大小。
线性折弯标注：可以通过形成折弯的角度的两个顶点之间的距离确定折弯高度。
（3）"文字"选项卡
用于设置尺寸文字的外观、位置以及对齐方式，如图8-23所示。

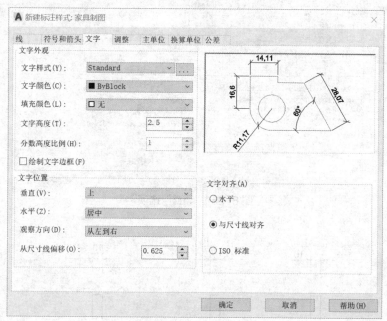

图8-23 "文字"选项

"文字外观"选项组：用于设置文字的样式和文字高度等。"文字高度"根据行业内的制图规范设置，家具制图的文字高度一般不小于3.5mm。

"文字位置"选项组："垂直"和"水平"用来控制标注的尺寸值或文字相对于尺寸线的位置。在家具制图中，一般选择"上"和"居中"。"从尺寸线偏移"用于控制标注文字与尺寸线之间的距离，如图8-24所示。

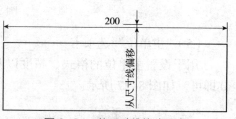

图8-24 从尺寸线偏移示意

"文字对齐"选项组：用于确定文字与尺寸线的对齐方式。在家具制图中要求"文字与尺寸线平行"。

（4）"调整"选项卡
用于设置标注时文字、尺寸线和箭头的摆放位置，如图8-25所示。
"调整选项"选项组：用于确定当尺寸界线之间没有足够空间来放置文字和箭头时，如何处理三者的位置关系，用户可以通过该选项组中的各单选按钮进行选择。一般情况下，可以接受系统默认设置。
"文字位置"选项组：用于控制文字不能放在尺寸界线之间时，如何摆放文字，如图8-26所示。
"标注特征比例"选项组：用于设置所标注尺寸的缩放关系。默认的选择是"使用全局比例"，这里需要输入的值，就是绘图比例中的比例因子。
"优化"选项组：用于设置标注尺寸时是否进行附加调整。

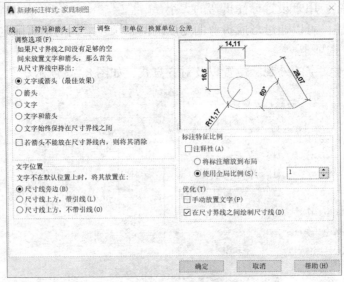

图 8-25 "调整"选项

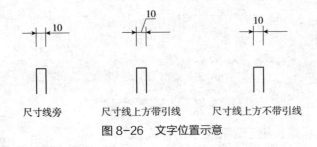

图 8-26 文字位置示意

（5）"主单位"选项卡

用于设置主单位的格式、精度以及尺寸文字的前缀和后缀。一般家具制图的精度选择 0 即可，如图 8-27 所示。

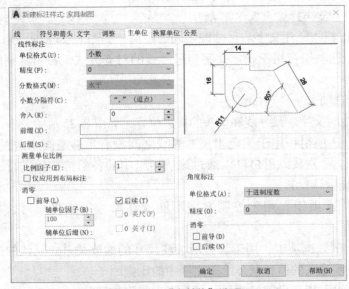

图 8-27 "主单位"选项

（6）"换算单位"选项卡

用于确定标注是否使用换算单位以及换算单位的格式，如图 8-28 所示。换算单位多是用来换算英制单位，如要将英寸换算成毫米，就在"换算单位倍数"中输入 25.4。

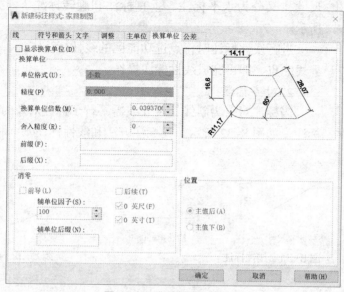

图 8-28 "换算单位"选项

（7）"公差"选项卡

用于确定是否标注公差，若标注公差，以何种方式进行标注，如图 8-29 所示。

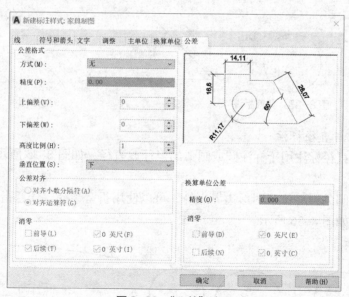

图 8-29 "公差"选项

三、创建标注

使用 AutoCAD 可以方便地创建如线性标注、半径标注、角度标注等各种标注。用户可以通过"标注"菜单中的各个选项来执行尺寸标注的命令，也可以通过注释功能区中标注工具来进行准确有效的标注,如图8-30所示。

1. 线性标注

线性标注指标注图形对象在水平方向、垂直方向或指定方向的尺寸,又分为水平标注、垂直标注和旋转标注3种类型,如图8-31所示。

进行线性标注时,点选功能区的线性标注图标,再指定两条尺寸界线原点,即可完成线性标注操作。

2. 对齐标注

当标注对象为斜线,尺寸线需平行于标注对象时,就需要用对齐标注,如图8-32所示。其标注方法和线性标注基本相同。

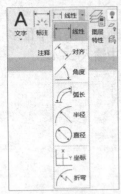

图8-30 标注工具图标

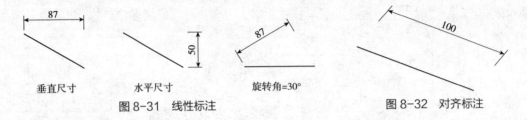

图8-31 线性标注 　　　图8-32 对齐标注

3. 角度标注

角度标注用于标注角度。可以测量的对象包括圆弧、圆和直线等,如图8-33所示。

4. 弧长标注

弧长标注用于标注圆弧或多段线圆弧上的距离,如图8-34所示。

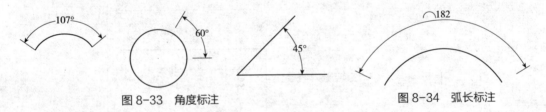

图8-33 角度标注　　　图8-34 弧长标注

5. 半径标注与直径标注

半径标注与直径标注用于标注圆或圆弧的半径或直径,如图8-35所示。

6. 折弯半径

如果圆弧或圆的圆心位于图形边界之外,可以使用折弯半径,任意指定位置作为圆心进行半径标注,如图8-36所示。

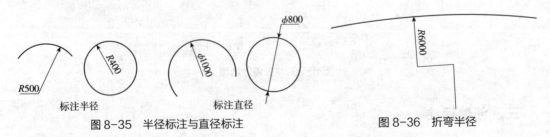

图8-35 半径标注与直径标注　　　图8-36 折弯半径

7. 基线标注

基线标注指各尺寸线从同一条尺寸界线引出,如图8-37所示。可以通过点击"标注"菜单下的"基线"调用"基线标注"命令。利用基线标注需先创建（或选择）一个线性标注或角度标注，作为基准标注。

8. 连续标注

连续标注是首尾相连的多个标注，每个连续标注都是从前一个标注的第二个尺寸界线处开始，如图 8-38 所示。

可以通过点击"标注"菜单下的"连续"调用"连续标注"命令。同创建基线一样，创建连续标注之前，也必须先创建（或选择）一个线性标注或角度标注。

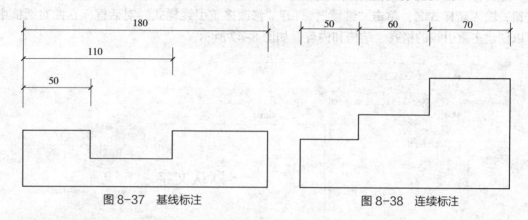

图 8-37　基线标注　　　　　　　图 8-38　连续标注

9. 智能标注

智能标注是能够自动识别要标注的对象，并进行智能创建标注的功能。使用智能标注，用户可以非常方便和快速地标注尺寸，如图 8-39 所示。

图 8-39　智能标注图标

可以通过以下方式执行"智能标注"命令：

方式一：点击功能区的"标注"图标，调用"智能标注"命令；

方式二：输入快捷命令"DIM"。

执行上述操作后，命令行显示：

选择对象或指定第一个尺寸界线原点或 [角度（A）基线（B）连续（C）坐标（O）对齐（G）分发（O）图层（L）放弃（U）]。

此时，当鼠标靠近直线时，可以对直线进行标注；靠近弧线或圆时，可以进行半径标注或直径标注；靠近斜线时，可以对斜线进行对齐标注；点击两条夹角线，可以进行角度标注。

• 若执行"基线（B）"，可进行基线标注。

• 若执行"连续（O）"，可进行连续标注。

• 若执行"对齐（G）"，可快速对齐散乱的标注。

智能标注的功能十分强大，操作也十分快捷。它能自动识别标注对象，在标注过程中无须中断命令，还可以快速进行连续和基线标注，将散乱的标注对齐，是标注中使用频率最高的工具。

10. 多重引线标注

多重引线是用来指示图形中包含的特征，然后给出关于这个特征的信息。多重引线与尺寸标注命令不同，它不测量距离。一条多重引线由箭头、引线、水平基线以及多行文字或块组成，如图 8-40 所示。

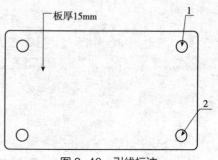

图 8-40　引线标注

(1)多重引线样式

创建引线标注,先要定义多重引线样式。可以通过以下方式打开"多重引线样式"对话框:

方式一:在命令行输入:"MLS"。
方式二:在菜单栏选择"格式"→"多重引线样式"。
方式三:在功能区单击"注释"下拉菜单中的图标 。

运行命令后,弹出"多重引线样式管理器"对话框,如图 8-41 所示。单击"新建"按钮,输入新样式名,单击"继续",打开"修改多重引线样式"对话框。在此对话框中可以创建多重引线的格式、结构和内容,如图 8-42 所示。

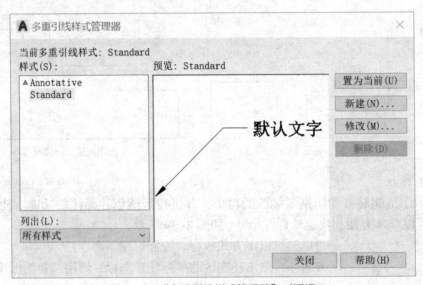

图 8-41 "多重引线样式管理器"对话框

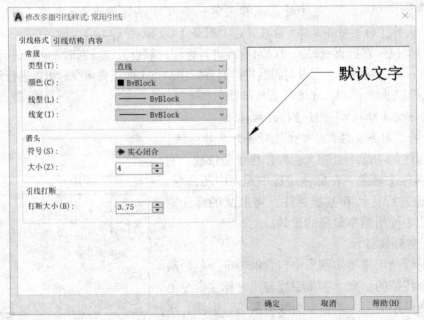

图 8-42 "修改多重引线样式"对话框

（2）创建多重引线标注

可以通过以下方式创建多重引线标注：

方式一：在命令行输入"MLEADER"。

方式二：在菜单栏选择"标注"→"多重引线标注"。

方式三：在功能区单击"注释"面板上的"引线"图标。

执行上述操作后，命令行提示：

指定引线箭头的位置：（在绘图区域单击选择箭头位置）

指定引线基线的位置：（在绘图区域单击选择引线基线的位置）

此时引线基线后出现闪动的光标，输入引线文字，完成多重引线的创建。

【巩固练习】

绘制下列图形并标注尺寸。

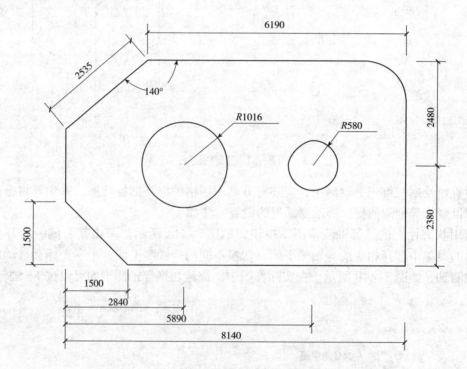

任务三　绘制及标注正等轴测图

【任务目标】

1. 了解正等轴测绘图环境设置。
2. 掌握绘制正等轴测图的方法。
3. 掌握标注正等轴测图的方法。

【知识链接】

轴测图是工程上常见的一种立体图。它具有立体感强、直观性好、容易看懂等优点。轴测图有助于设计人员进行空间构思，是一种有实用价值的图示方法。随着计算机图形学的发展，轴测图多采用AutoCAD软件来绘制，作为辅助图样使用日益广泛。

一、设置正等轴测绘图环境

当 3 个坐标轴与轴测投影面倾斜的角度相同时，用正投影法得到的投影图称为正等轴侧图。由于 3 个坐标轴与轴测投影面倾斜的角度相同，因此正等轴测图的 3 个轴间角相等，都是 120°，其中 O_1Z_1 轴画成竖直方向，如图 8-43A。正等轴测图的 3 个轴向伸缩系数也都相等，约为 0.82。在实际应用时，为了方便作图，度量 3 个方向尺寸时均不缩短，按实际尺寸画出。由于轴测图是用平行投射线进行投影，所以在轴测投影图中，凡相互平行的直线，其轴测投影仍保持平行。如图 8-43B 所示，边长为 1 的正方体正等轴测图。

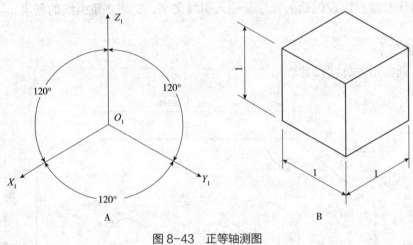

图 8-43 正等轴测图

要直接绘制二维正等轴测图，需要充分利用栅格的栅格捕捉功能。首先要将栅格的捕捉类型设置为等轴测捕捉。等轴测捕捉的设置方法如下：

启用状态栏上的"等轴测草图"按钮，如图 8-44A 所示。单击其右侧的展开按钮可从弹出的菜单中选择相应的等轴测平面。切换不同的等轴测平面，十字光标会自动对齐相应的轴测轴，如图 8-44B 所示。在实际作图中，快速切换等轴测平面可以按 F5 键。

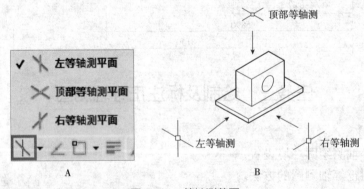

图 8-44 等轴测草图

二、绘制圆的正等轴测图

根据正等轴测图的形成原理，各坐标平面相对于轴测投影面都是倾斜的，因此平行于坐标平面的圆的正等轴测投影都是椭圆，如图 8-45 所示。启动"等轴测草图"按钮后，命令行输入"Ellipse"（快捷键 EL）会多出一个"等轴测圆（I）"选项，使用该选项，通过指定等轴测圆的圆心和半径（或直径），即可画出相应等轴测平面内的椭圆。

三、绘制形体的正等轴测图

由于正等轴测图的轴间角都为 120°，在使用 AutoCAD 绘制正等轴测图时，通常将极轴角设置为 30°。精确绘制正等轴测图时，常使用直接距离输入、对象捕捉、对象捕捉追踪、复制、修剪等功能和命令，但偏移、圆角、阵列、多边形、圆等功能和命令无法使用。

正等轴测图的基本作图方法有坐标法、叠加法和切割法等。具体方法可参考本书轴测图相关内容。本节以图 8-46 所示桌子为例，介绍使用 AutoCAD 绘制其正等轴测图的方法和步骤。

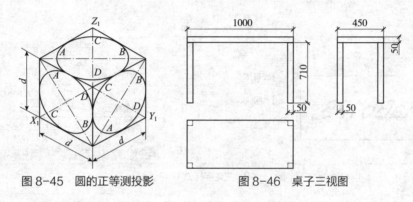

图 8-45　圆的正等测投影　　　　图 8-46　桌子三视图

①启用状态栏的"等轴测草图"，选择顶部"等轴测平面"。点击"正交模式"或按 F8 键，打开正交模式。

②命令行输入"L"，激活直线命令。绘制长 1000、宽 450 的轴测长方形，按 F5 键切换空间方位，绘制高 50 的面板，如图 8-47A 所示。

③命令行输入"L"，激活直线命令。绘制长 50、宽 50、高 710 的桌腿，如图 8-47B 所示。

④命令行输入"CO"，激活复制命令，指定基点，复制另外 3 个桌腿到相应位置，如图 8-4C 所示。

⑤命令行输入"TR"，激活修剪命令，修剪掉不需要的线条，如图 8-47D 所示。完成桌子轴测图的绘制。

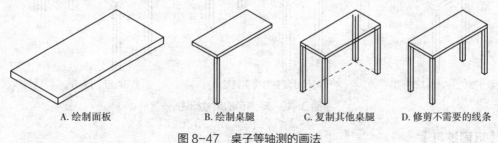

A. 绘制面板　　　B. 绘制桌腿　　　C. 复制其他桌腿　　　D. 修剪不需要的线条

图 8-47　桌子等轴测的画法

四、标注正等轴测图

正等轴测图的尺寸标注主要涉及文字样式的定义、对齐尺寸标注和倾斜标注。由于尺寸在不同的等轴测平面上，具有不同的倾斜角度。因此，需要定义两种文字样式。

在命令行中输入"Style"并按 Enter 键，在如图 8-48 所示的"文字样式"对话框中，单击"新建"按钮。定义第一种文字样式名为"-30"，倾斜角度为"-30"；第二种样式名为"+30"，倾斜角度为"30"。

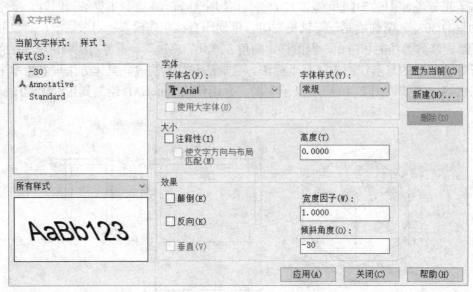

图 8-48 "文字样式"对话框

轴测图的标注必须采用对齐标注，标注出相应线段的长度，如图 8-49A 所示；单击功能区"注释"选项卡，进入"标注"面板，点击"倾斜"按钮⊢选择尺寸，确认后捕捉轴测图中与该尺寸倾斜方向一致线段的两个端点，尺寸方向即可准确标注。再选择标注的尺寸，在功能区"注释"选项卡的"文字"面板，选择相应的文字样式，如图 8-49B 所示。其他尺寸标注如图 8-49C 所示。

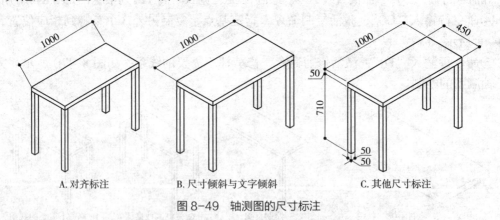

A. 对齐标注　　　　B. 尺寸倾斜与文字倾斜　　　　C. 其他尺寸标注

图 8-49 轴测图的尺寸标注

【巩固练习】

用 AutoCAD 绘制下列图形的正等轴测图并进行尺寸标注。

（1）

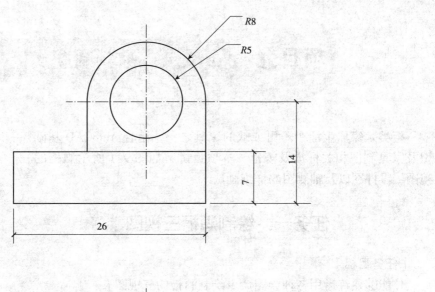

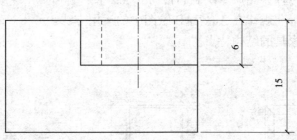

（2）

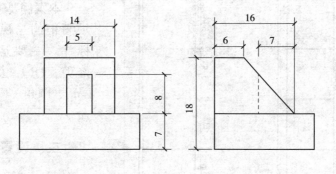

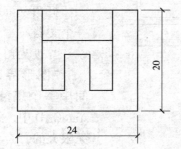

项目九 AutoCAD 家具制图实例

柜类是家居生活中不可或缺的家具之一，结合 AutoCAD 基础知识及家具制图相关标准及规范，本项目讲解如图 9-1 所示酒柜的三视图、零件图以及轴测图的详细画法。

任务一 绘制酒柜三视图

【任务目标】
1. 能够熟练运用各种绘图命令绘制酒柜的三视图。
2. 能够掌握"三等"规律在 AutoCAD 绘图中的运用方法。
3. 能够掌握柜类家具的结构特点。

【知识链接】

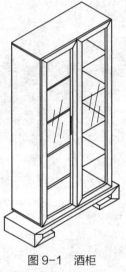

图 9-1 酒柜

一、案例分析

本案例要求绘制如图 9-2 所示酒柜的三视图，并进行尺寸标注。主要运用矩形（REC）、修剪（TR）、复制（CO）、移动（M）、圆角（F）、镜像（MI）等命令。

二、设置绘图环境

1. 新建文档

打开 AutoCAD 2020，新建一个文档。

2. 设置图形界限

"图形界限"是在模型空间中一个想象的绘图区域。在 AutoCAD 中，绘图的空间可以是无限大的，为了能够方便地控制图形的布局，出图更加准确，设置图形界限是非常必要的，通常

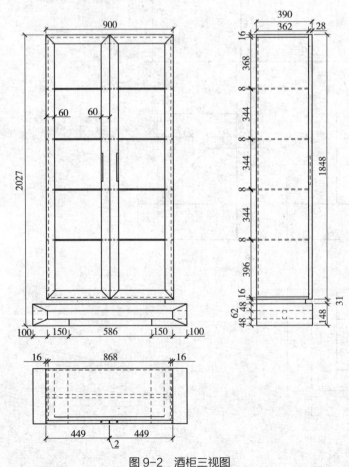

图 9-2 酒柜三视图

根据所画图形的尺度大小，按实际比例来设置。

单击菜单"格式"下的"图形界限"命令，设置图形界限为"5000×5000"。

3. 设置图形单位

选择菜单"格式"下的"单位"命令（或输入 UN），在"长度"选项区的"精度"下拉列表中选择"0"。

4. 设置图层

点击图层功能区的"图层特性"图标（或输入 LA），打开"图层特性管理器"，创建图层，如图 9-3 所示。不同的图层设置不同的颜色，以便图形更加清晰。

轮廓线图层：颜色黑色，线型连续线，线宽 0.3。

虚线图层：颜色蓝色，线型虚线，线宽默认。

尺寸标注图层：颜色红色，线型连续线，线宽默认。

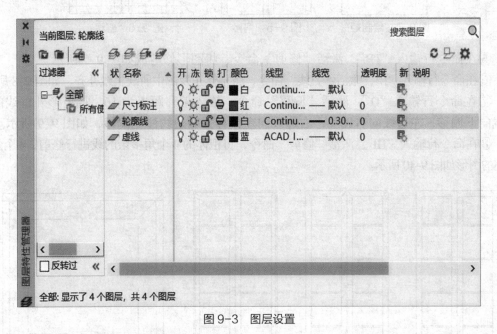

图 9-3　图层设置

三、绘制酒柜的主视图

1. 绘制酒柜的柜体主视图

①将图层切换到"轮廓线"图层。在命令行输入"REC"，激活"矩形"命令，创建一个 1848×900 的矩形，如图 9-4 所示。

②在命令行输入"X"，激活"分解"命令，将绘制的矩形炸开。

③在命令行输入"O"，激活"偏移"命令，将矩形左边的线向右偏移 60、329、60；再把矩形右边的线向左偏移相同的距离，如图 9-5 所示。注意，此时中间两条直线不是重合的，间距为 2。

④在命令行输入"O"，激活"偏移"命令，将矩形的顶边线向下偏移距离依次为：60、312、8、344、8、344、8、344、8、352、60，如图 9-6 所示。

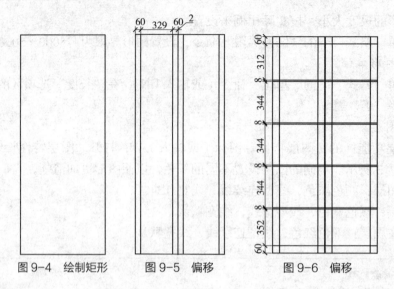

图 9-4 绘制矩形   图 9-5 偏移   图 9-6 偏移

⑤在命令行输入"TR",激活"修剪"命令,将图形修剪成如图 9-7 所示。

⑥在命令行输入"L",激活"直线"命令,将柜体正视图中所缺实线补齐,如图 9-8 所示。

⑦在命令行输入"O",激活"偏移"命令,输入偏移距离为 16,将矩形外框线的顶边线向下偏移,左边线向右偏移,右边线向左偏移,底边线往上偏移,如图 9-9 所示。

⑧在命令行输入"TR",激活"修剪"命令,将柜体的 4 个角多余的线进行修剪,4 个角修剪完的图形如图 9-10 所示。

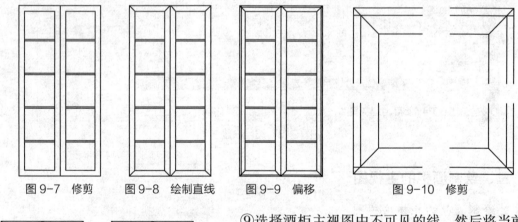

图 9-7 修剪   图 9-8 绘制直线   图 9-9 偏移   图 9-10 修剪

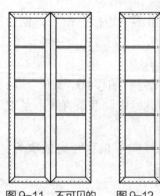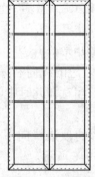

⑨选择酒柜主视图中不可见的线,然后将当前图层调至"虚线"层,不可见的线变为虚线,如图 9-11 所示。

⑩在命令行输入"L",激活"直线"命令,在"虚线"层中,用虚线继续绘制不可见的线,如图 9-12 所示。

⑪在面板第三层有两个隐藏的把手。在命令行输入"O",激活"偏移"命令,如图 9-13 所示,将线段 1 向下偏移 78,线段 2 向上偏移 78,线段 3 向右偏移 8,线段 4 向左偏移 8。

图 9-11 不可见的线转成虚线   图 9-12 绘制虚线

⑫ 在命令行输入"TR",激活"修剪"命令,剪切完图形如图 9-14 所示。

⑬ 在命令行输入"F",激活"圆角"命令,将半径设为 8,对把手进行倒圆角,倒圆角完成后如图 9-15 所示。

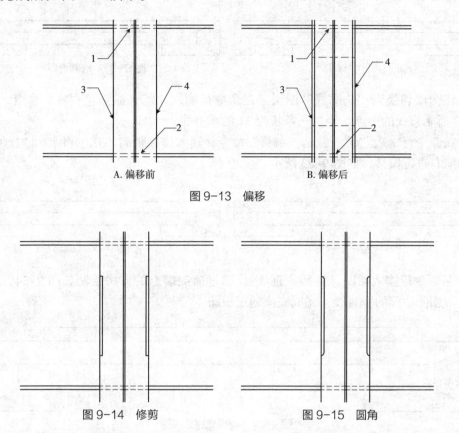

图 9-13 偏移

图 9-14 修剪　　图 9-15 圆角

2. 绘制酒柜的底座主视图

① 将图层切换到"轮廓线"图层。在命令行输入"L",激活"直线"命令,创建一条长为 1086 的直线,如图 9-16 所示。

② 在命令行输入"O",激活"偏移"命令,将直线往下偏移 48、52、48,如图 9-17 所示。

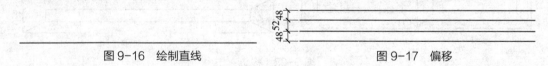

图 9-16 绘制直线　　图 9-17 偏移

③ 在命令行输入"L",激活"直线"命令,通过捕捉端点的方法绘制如图 9-18 所示的直线。

④ 在命令行输入"O",激活"偏移"命令,将左边的直线向右偏移 100、150,右边的直线向左偏移 100、150,如图 9-19 所示。

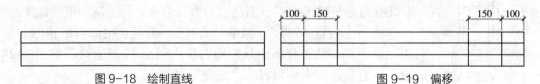

图 9-18 绘制直线　　图 9-19 偏移

⑤在命令行输入"TR",激活"修剪"命令,剪切完图形如图 9-20 所示。

⑥将图层切换到"虚线"图层。在命令行输入"L",激活"直线"命令,通过捕捉端点的方法绘制如图 9-21 所示的虚线。

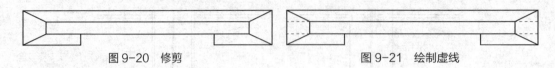

图 9-20 修剪　　　　　　　　图 9-21 绘制虚线

⑦将图层切换到"轮廓线"图层。在命令行输入"L",激活"直线"命令,捕捉如图 9-22 所示直线的中点,绘制一条长为 31 的垂直线。

⑧在命令行输入"O",激活"偏移"命令,输入偏移距离 390,将刚画的垂直线分别向左和向右进行偏移,如图 9-23 所示。

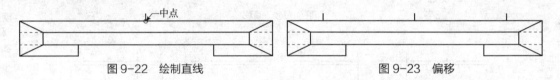

图 9-22 绘制直线　　　　　　　图 9-23 偏移

⑨在命令行输入"L",激活"直线",通过捕捉端点的方法绘制如图 9-24 所示的直线,最后删除中间的垂直线,完成底座的正视图。

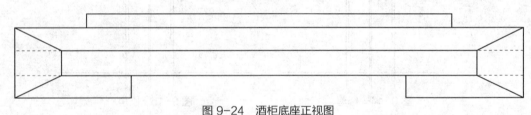

图 9-24 酒柜底座正视图

⑩在命令行输入"M",激活"移动"命令,如图 9-25 所示,基点选择底座顶部的中点 1,移动目标点选择柜体底部的中点 2。移动后,酒柜正视图完成,如图 9-26 所示。

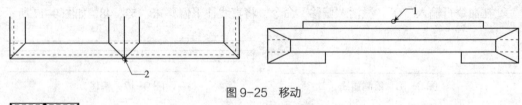

图 9-25 移动

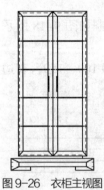

图 9-26 衣柜主视图

四、绘制酒柜的俯视图

①在命令行输入"REC",激活"矩形"命令,创建一个 1086×390 的矩形,注意矩形的右轮廓线与主视图对齐,如图 9-27 所示。

②在命令行输入"X",激活"分解"命令,将绘制的矩形炸开。

③在命令行输入"L",激活"直线",根据正视图与俯视图"长对正"的原理,从正视图中从左到右依次引出 12 根直线,如图 9-28 所示。注意在绘制中可以打开"正交"开关。

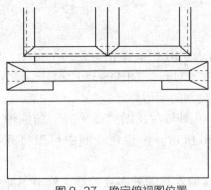
图 9-27 确定俯视图位置

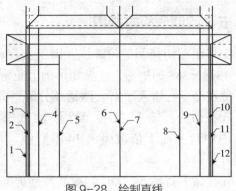
图 9-28 绘制直线

④在命令行输入"TR",激活"修剪"命令,修剪俯视图外多余的线。修剪不掉的线直接用"删除"命令进行删除,如图 9-29 所示。

⑤在命令行输入"O",激活"偏移"命令,如图 9-30 所示,将线段 1 往下偏移 13 和 182,将线段 2 往上偏移 28、48 和 182。

图 9-29 修剪

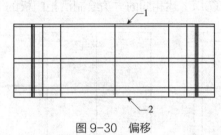
图 9-30 偏移

⑥在命令行输入"TR",激活"修剪"命令,修剪不需要的线段,再将不可见的线转为虚线,如图 9-31 所示。

⑦绘制门把手的俯视图。将门板俯视图的线段 1 往左偏移 60,再以偏移线与门板的交点为起点,绘制矩形 6×8 的矩形,绘制完成如图 9-32 所示。

⑧在命令行输入"MI",激活"镜像"命令,将左边的把手镜像到如图 9-33 的位置,酒柜的俯视图完成,如图 9-34 所示。

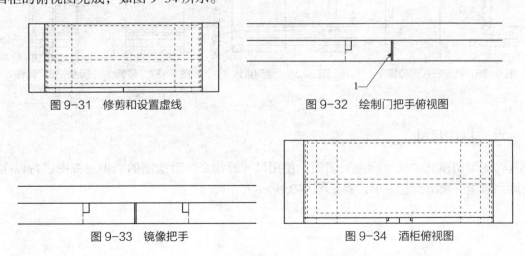

图 9-31 修剪和设置虚线　　图 9-32 绘制门把手俯视图

图 9-33 镜像把手　　图 9-34 酒柜俯视图

五、绘制酒柜左视图

①将图层切换到"轮廓线"图层。在命令行输入"REC",激活"矩形"命令,创建一个 1848×388 的矩形,注意矩形的上轮廓线与主视图对齐,如图 9-35 所示。

②在命令行输入"X",激活"分解"命令,将绘制的矩形炸开。

③在命令行输入"L",激活"直线",根据主视图与左视图"高平齐"的原理,在主视图中自上而下依次引出 14 根直线,如图 9-36 所示。注意在绘制中可以打开"正交"开关。

④在命令行输入"TR",激活"修剪"命令,修剪左视图外多余的线。修剪不掉的线直接用"删除"命令进行删除,如图 9-37 所示为修剪完成的左视图。

⑤在命令行输入"O",激活"偏移"命令,将线段 1 往右偏移 13、182,将线段 2 往左偏移 28、48 和 182,如图 9-38 所示为偏移完成图。

⑥在命令行输入"TR",激活"修剪"命令,修剪不需要的线段,再将不可见的线转为虚线,如图 9-39 所示。

⑦用上述相同的方法绘制酒柜门板的 3 处不可见线,如图 9-40 所示,左视图绘制完成。

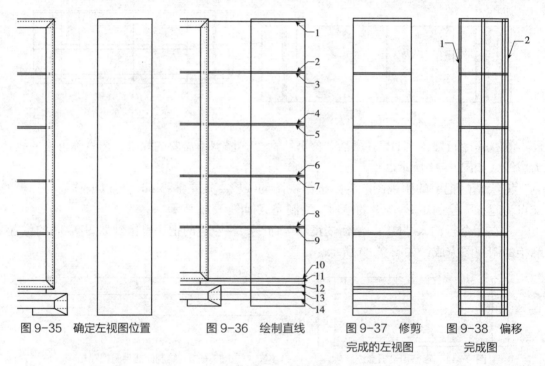

图 9-35 确定左视图位置　　图 9-36 绘制直线　　图 9-37 修剪完成的左视图　　图 9-38 偏移完成图

六、标注尺寸

将图层切换到"尺寸标注"图层,使用尺寸标注命令对绘制的酒柜三视图进行标注。至此,酒柜三视图绘制完毕,参见图 9-2 所示。

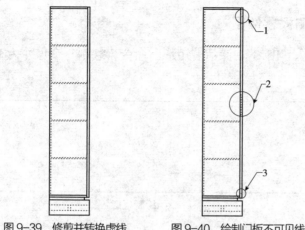

图 9-39　修剪并转换虚线　　图 9-40　绘制门板不可见线

【巩固练习】

测量宿舍衣柜尺寸并绘制其三视图。

任务二　绘制酒柜零部件图

【任务目标】

1. 掌握柜类家具零部件图的特点。
2. 能熟练运用相关命令绘制家具零部件图。

【知识链接】

一、案例分析

本案例绘制酒柜的侧板零件图,并进行尺寸标注。该任务需要用到矩形(REC)、偏移(O)、复制(CO)、移动(M)、修剪(TR)等命令。

二、设置绘图环境

①打开 AutoCAD 2020,新建一个文档。

②设置图形界限。单击菜单"格式"→"图形界限",设置图形界限为"5000×5000"。

③设置图形单位。单击菜单"格式"→"单位"(或输入"UN"),打开"图形单位"对话框,设置单位后点击"确定"按钮结束。

④创建图层。点击工具栏的"图层特性管理器"按钮(或输入"LA"),创建图层,如图 9-41 所示。

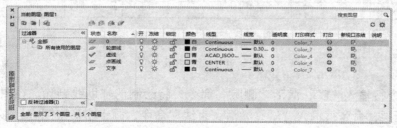

图 9-41　图层设置

三、绘制酒柜侧板零件图

①在命令行中输入"REC",激活"矩形"命令,绘制一个尺寸为1816×364的矩形,如图9-42所示。

图9-42 绘制矩形

②在命令行输入"X",激活"分解"命令,将绘制的矩形炸开。

③在命令行输入"O",激活"偏移"命令,以顶边为偏移对象,向下偏移,偏移距离为9、69;以底边为偏移对象,向上偏移,偏移距离为37、69;以左侧边为对象,向右依次偏移364、352、352、352;以左侧边为对象,向右依次偏移108、320、320、320、320、320;以左侧边为对象,向右依次偏移76、32、512、32、512、32、512、32,如图9-43所示。

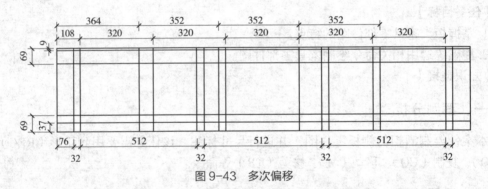

图9-43 多次偏移

④在命令行输入"C",激活"圆"命令,绘制直径为5的圆,组成圆孔图例,并移动到图中相应位置,如图9-44所示。

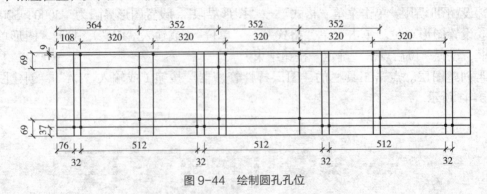

图9-44 绘制圆孔孔位

⑤在命令行输入"E",激活"删除"命令,将绘制的辅助线删除。在图层面板选中"点划线"图层,命令行输入"L",激活"直线"命令,画十字形定圆心,移动到图中每个圆的圆心位置,如图9-45所示。

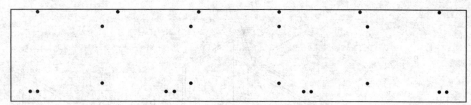

图 9-45 删除多余线条、点画线定圆心

⑥在命令行输入"L",第一点选择矩形左上角点,第二点输入坐标"@37,-30",定位到点,以该点为圆心,命令行输入"C",绘制直径为 15 的圆。同上一步画法用点画线定圆心。在图层面板选中虚线图层,命令行输入"O",以过圆心水平线为基准,往上、下各偏移 4,命令行输入"TR",修剪掉不需要的线条。用同样的方法绘制另一个 20×8 的矩形,如图 9-46 所示。

⑦在命令行输入"MI",激活"镜像"命令,将步骤⑥所画图形选中,打开状态栏的"对象捕捉",勾选"中点",以板件两侧侧边的中心点为镜像点,将左上角的图形镜像到左下角。同样的方法,选中左侧图形,镜像到右侧,如图 9-47 所示。

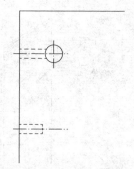

图 9-46 绘制侧边打孔位置

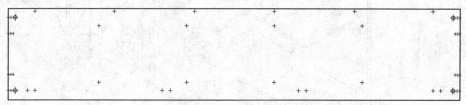

图 9-47 完成孔位图

⑧用同样的画法绘制左视图。
⑨将五金孔的数量用图例表示出来。
⑩将绘制好的图形进行标注,生成如图 9-48 所示图形。

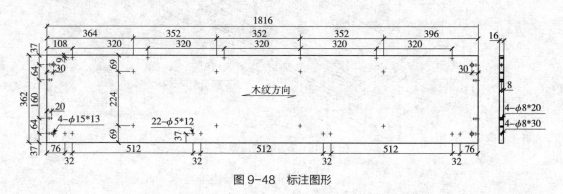

图 9-48 标注图形

根据上述类似的方法,绘制其他零部件,各零部件的对应编号如图 9-49 所示。各零部件图纸如图 9-50 至图 9-60 所示。

【巩固练习】

绘制酒柜的零件图。

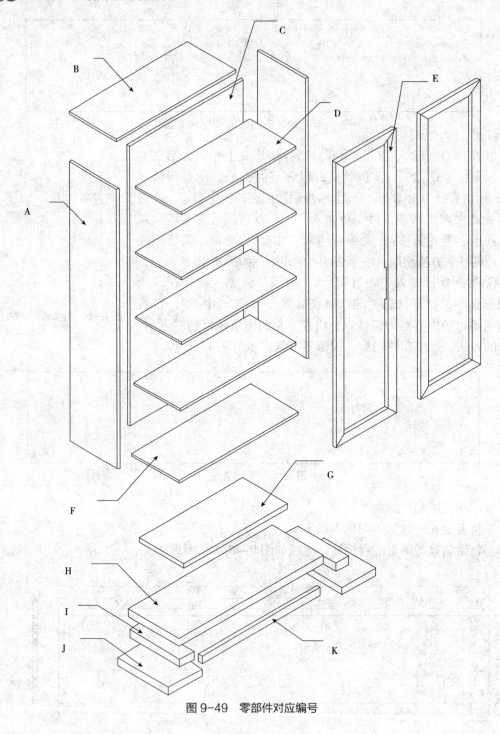

图 9-49 零部件对应编号

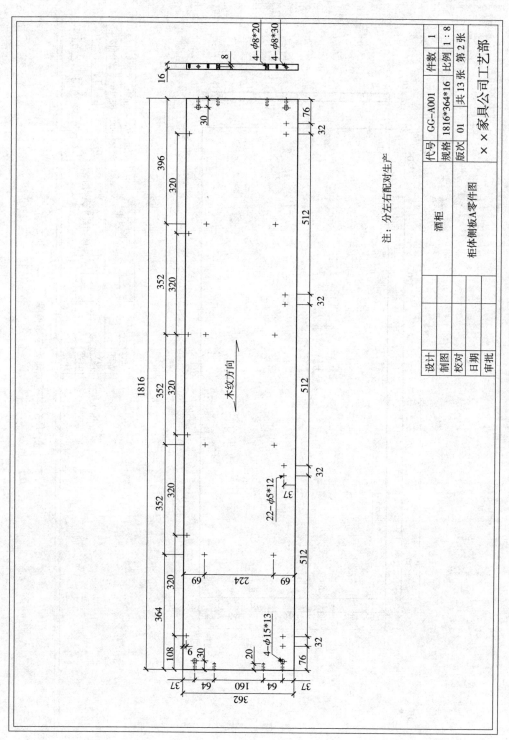

图9-50 柜体侧板A零件图

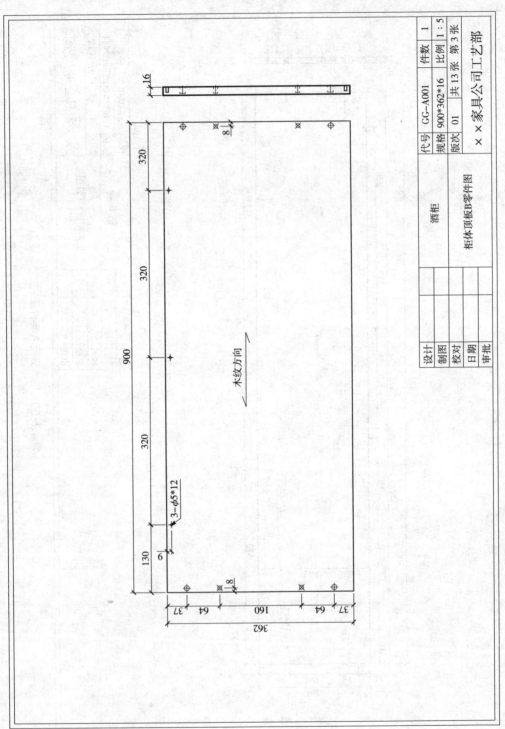

图 9-51 柜体顶板 B 零件图

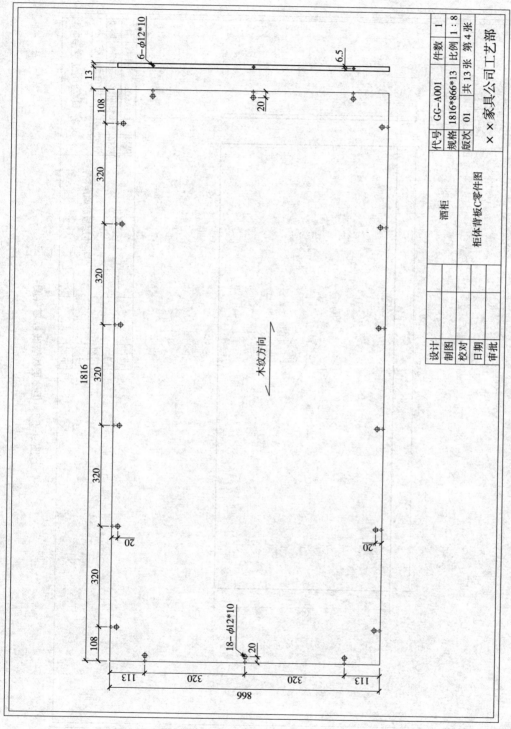

图 9-52 柜体背板 C 零件图

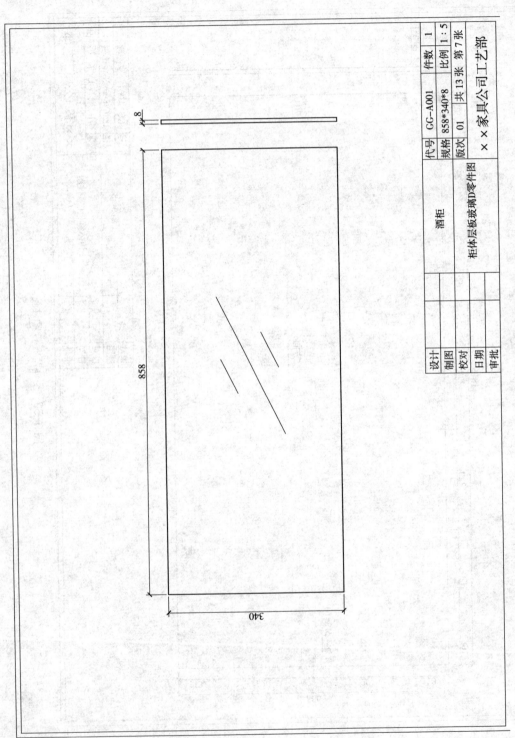

图 9-53　柜体层板玻璃 D 零件图

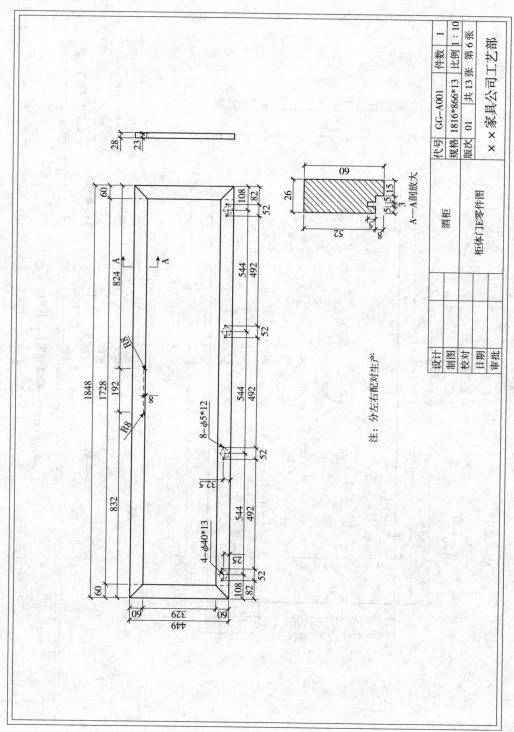

图 9-54 柜体门板 E 零件图

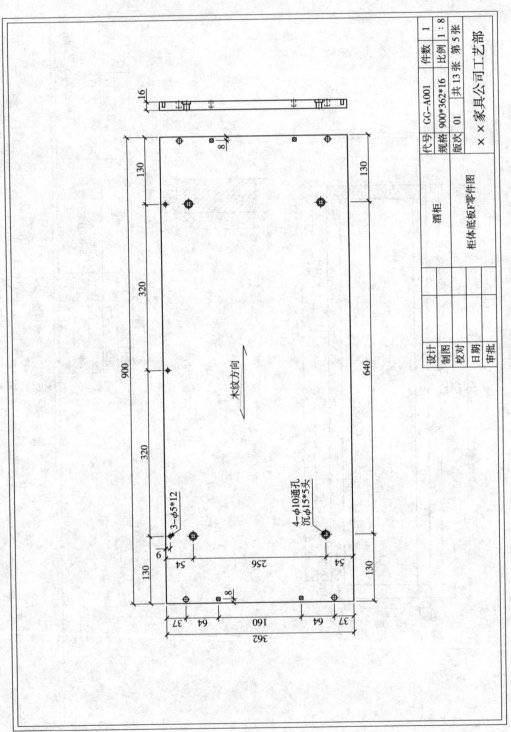

图 9-55 柜体底板 F 零件图

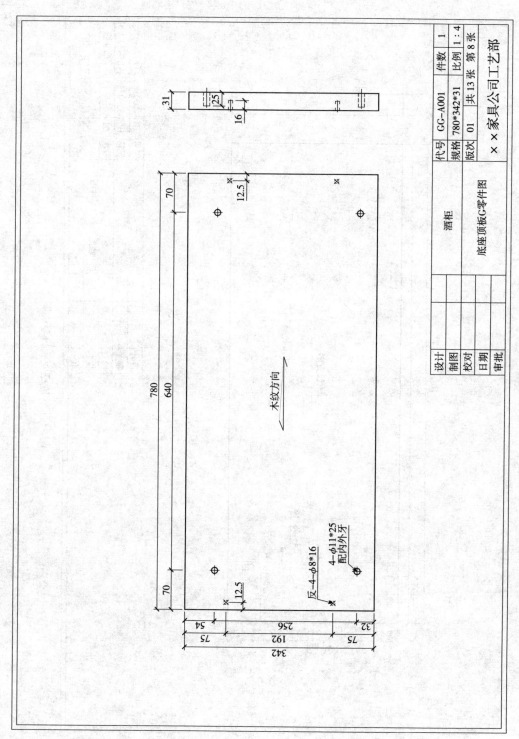

图 9-56 底座顶板 G 零件图

168 模块二 AutoCAD 制图基础与实操

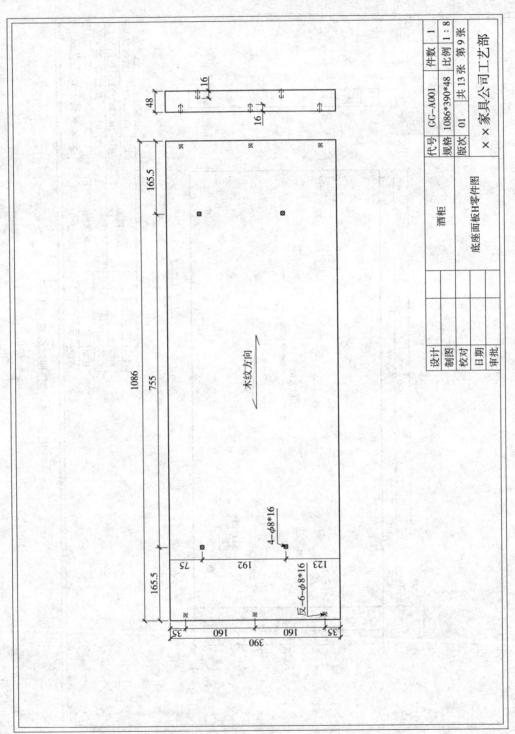

图 9-57 底座面板 H 零件图

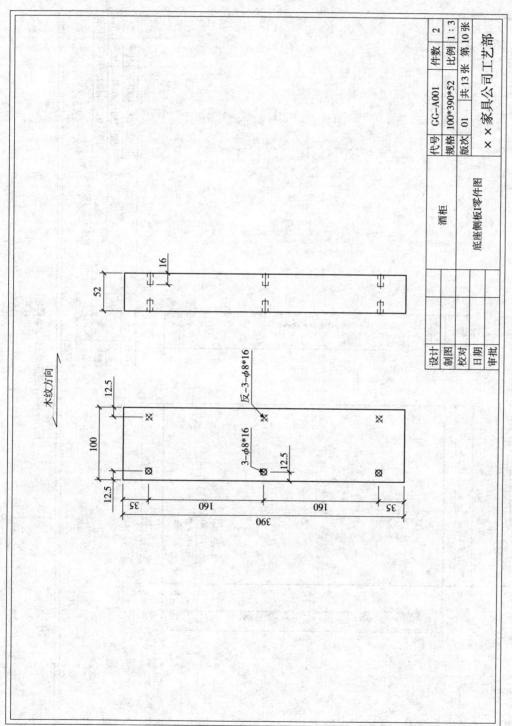

图 9-58 底座侧板 I 零件图

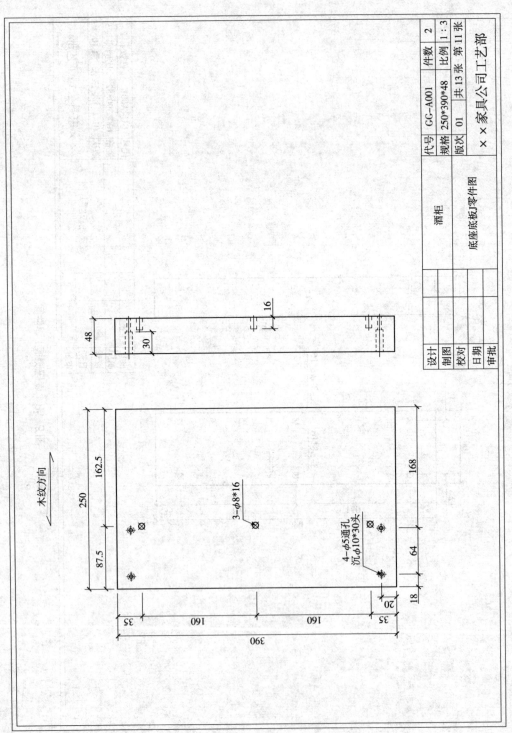

图 9-59 底座底板 J 零件图

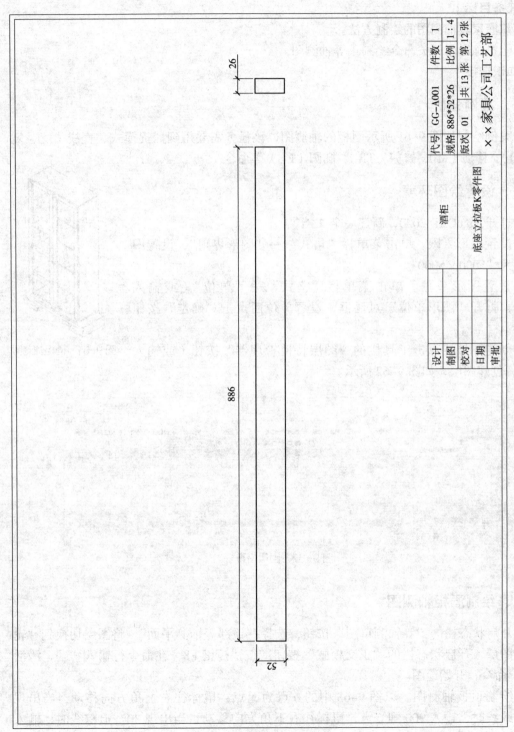

图 9-60 底座立拉板 K 零件图

任务三 绘制酒柜轴测图

【任务目标】
1. 掌握家具轴测图的绘制方法。
2. 能熟练运用相关命令绘制正等轴测图。

【知识链接】

一、案例分析

本案例绘制如图 9-61 所示酒柜的轴测图,该任务需要用到捕捉模式、直线(L)、复制(CO)、移动(M)、修剪(TR)、椭圆(EL)等命令。

二、设置绘图环境

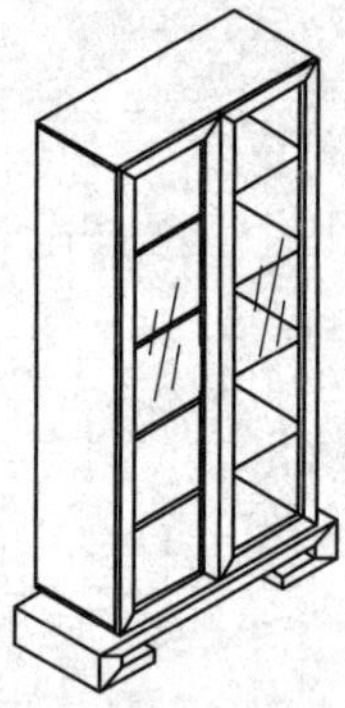

①打开 AutoCAD 2020,新建一个文档。
②设置图形界限。单击菜单栏"格式"→"图形界限",设置图形界限为"5000×5000"。
③设置图形单位。单击菜单栏"格式"→"单位"(或输入"UN"),打开"图形单位"对话框,设置单位后点击"确定"按钮结束。
④创建图层。点击工具栏的"图层特性管理器"按钮(或输入"LA"),创建图层,如图 9-62 所示。

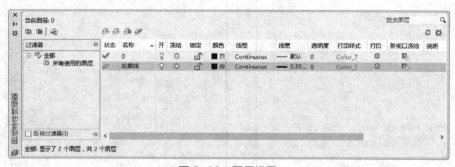

图 9-61 酒柜轴测图

图 9-62 图层设置

三、绘制酒柜轴测图

①开启状态栏的"等轴测草图"按钮,选择"顶部等轴测平面"。将图层切换到"轮廓线"图层,开启状态栏的"正交模式"按钮或按快捷键 F8,在命令行输入"L",激活"直线"命令,开始绘图。
②绘制顶板轴测图。以图 9-63 中的 a 点为起点,鼠标往右上角方向移动,当出现 30° 追踪线时,输入 900 到 b 点,鼠标往右下角方向移动,当出现 30° 追踪线时,输入 362 到 c 点,鼠标往左下角方向移动,当出现 150° 追踪线时,输入 900 到 d 点,与 a 点相连。在命令行再次输入"L",激活"直线"命令。按 F5 键切换等轴测平面,从 a 点向

下绘制长为 16 的直线到 e 点，按 F5 键切换等轴测平面，鼠标往右下角方向移动，当出现 30° 追踪线时，输入 362 到 f 点，按 F5 键切换等轴测平面，鼠标往右上角方向移动，当出现 30° 追踪线时，输入 900 到 g 点，连接 g 和 c，连接 d 和 f，完成酒柜顶板轴测图，如图 9-63 所示。

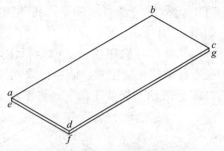

图 9-63　绘制酒柜顶板轴测图

③绘制侧板轴测图。同步骤 1 的方法，命令行输入 "L"，绘制高 1816、宽 362、厚 16 的侧板。命令行输入 "CO"，激活 "复制" 命令，复制另一个侧板，如图 9-64 所示。

④绘制背板轴测图。同步骤 2 的方法，命令行输入 "L"，绘制高 1816、宽 866、厚 13 的背板。

⑤绘制底板轴测图。底板的外观尺寸与顶板相同。命令行输入 "CO"，激活 "复制" 命令，复制顶板作为柜体的底板，如图 9-65 所示。

⑥柜体板件组合。命令行输入 "M"，激活 "移动" 命令，打开状态栏的 "对象捕捉"，勾选 "端点"。根据三视图，将顶板、侧板、背板和底板移动到相应位置，如图 9-66 所示。命令行输入 "E"，激活 "删除" 命令，将不可见的线删掉。再输入 "TR"，激活 "修剪" 命令，将不可见的线修剪掉，完成外框轴测图，如图 9-67 所示。

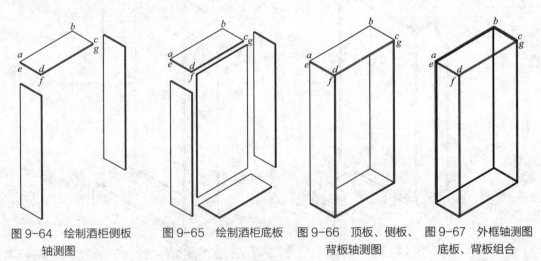

图 9-64　绘制酒柜侧板轴测图　　图 9-65　绘制酒柜底板　　图 9-66　顶板、侧板、背板轴测图　　图 9-67　外框轴测图 底板、背板组合

⑦绘制底座各板件的轴测图。命令行输入 "L"，绘制长 780、宽 342、厚 31 的底座顶板。绘制长 886、宽 52、厚 26 的底座立拉板。绘制长 1086、宽 390、厚 48 的底座面板。绘制长 390、宽 100、厚 52 的底座侧板。绘制长 390、宽 250、厚 48 的底座底板。命令行输入 "CO"，复制一个底座侧板和一个底座底板，如图 9-68 所示。

⑧底座板件组合。命令行输入 "M"，激活 "移动" 命令。根据三视图，将底座顶板、面板、侧板、底板移动到相应位置。如图 9-69 所示。命令行输入 "E"，激活 "删除" 命令，将不可见的线删掉。再输入

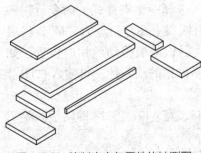

图 9-68　绘制底座各零件的轴测图

"TR"，激活"修剪"命令，将不可见的线修剪掉。根据贴木纹要求，补画相应的线条，如图 9-70 所示。

⑨外框与底座组合。命令行输入"M"，激活"移动"命令。根据三视图，将外框与底座移动到相应位置。命令行输入"E"，激活"删除"命令，将不可见的线删掉。再输入"TR"，激活"修剪"命令，将不可见的线修剪掉。如图 9-71、图 9-72 所示。

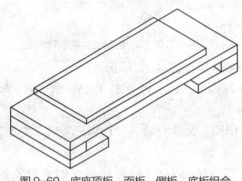
图 9-69 底座顶板、面板、侧板、底板组合

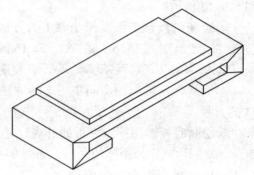
图 9-70 底座轴测图

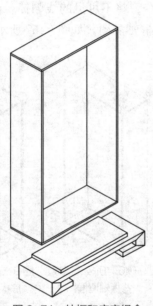
图 9-71 外框和底座组合

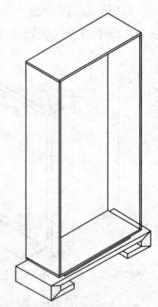
图 9-72 组合后删除不需要的线条

⑩绘制层板玻璃轴测图。命令行输入"L"，绘制长 858、宽 340、厚 8 的层板玻璃。

⑪放入层板玻璃。在菜单栏"格式"→"点样式"里选择一个点样式。命令行输入"PO"，激活"点"命令。根据三视图，用点划分侧板边沿线段。命令行输入"M"，将层板玻璃移动到相应位置。命令行输入"CO"，将另外 3 块层板玻璃移动到相应位置，如图 9-73 所示。命令行输入"E"，激活"删除"命令，将不可见的线删掉。再输入"TR"，激活"修剪"命令，将不可见的线修剪掉，如图 9-74 所示。

⑫绘制门板和门玻璃。命令行输入"L"，绘制长 1848、宽 449、厚 28 的门板。绘制长 1742、宽 343、厚 5 的门玻璃。将门板与门玻璃组合。

⑬将门板组件与酒柜整体组合。命令行输入"M"，根据三视图，将门板组件移动到

相应位置。命令行输入"CO",复制门板组件到另一边相应位置,如图 9-75 所示。命令行输入"E",激活"删除"命令,将不可见的线删掉。再输入"TR",激活"修剪"命令,将不可见的线修剪掉,如图 9-76 所示。

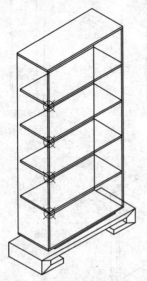

图 9-73 放入层板玻璃

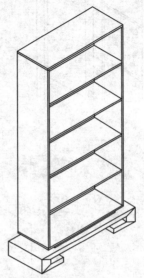

图 9-74 删除不需要的线条

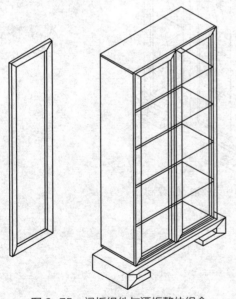

图 9-75 门板组件与酒柜整体组合

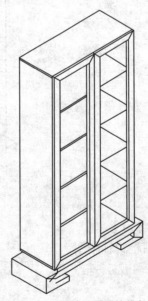

图 9-76 删除不需要的线条

⑭ 绘制门把手。根据门板三视图,命令行输入"L",从 h 点向下画 832 到 j 点,往左上方向,与门板内侧交于 k 点,如图 9-77A 所示。命令行输入"EL",激活"椭圆"命令,再输入"I",激活"等轴测圆",以 k 点为圆心,8 为半径,绘制等轴测圆。用同样的方法绘制把手下半段等轴测圆,如图 9-77B 所示。输入"TR",激活"修剪"命令,将不可见的线修剪掉,完成把手绘制,如图 9-77C 所示。

⑮ 绘制门板玻璃的图例完成酒柜轴测图,如图 9-78 所示。

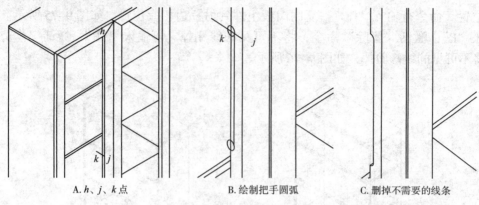

A. h、j、k 点　　　B. 绘制把手圆弧　　　C. 删掉不需要的线条

图 9-77　把手绘制

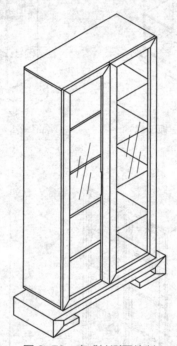

图 9-78　完成轴测图绘制

【巩固练习】

绘制酒柜的轴测图。

参考文献

CAD/CAM/CAE 技术联盟，2020.AutoCAD 2020 中文版从入门到精通 [M]. 北京：清华大学出版社．

贺巧云，2014. 机械制图与 CAD 绘图（基础篇）[M]. 北京：化学工业出版社．

侯永涛，2020.AutoCAD 绘图与三维建模 [M]. 北京：机械工业出版社．

胡正飞，窦军，2013. 工程制图与计算机辅助设计 [M]. 北京：人民邮电出版社．

李克忠，2017. 家具与室内设计制图 [M]. 北京：中国轻工业出版社．

彭红，陆步云，2003. 设计制图 [M]. 北京：中国林业出版社．

汪仁斌，2007. 家具 AutoCAD 辅助设计 [M]. 北京：中国林业出版社．

王明刚，黄及新，2020. 家具制图与 CAD[M]. 北京：中国轻工业出版社．

张帆，耿晓杰，2007. 室内与家具设计 CAD 教程 [M].2 版. 北京：中国建筑工业出版社．

张付花，2019.AutoCAD 家具制图技巧与实例 [M].2 版. 北京：中国轻工业出版社．

张英杰，2016. 建筑室内设计制图与 CAD[M]. 北京：化学工业出版社．

周红旗，2020. 室内设计制图与 CAD[M]. 北京：化学工业出版社．

周雅南，周佳秋，2016. 家具制图 [M].2 版. 北京：中国轻工业出版社．

朱毅，杨永良，2010. 室内与家具设计制图（含习题集）[M]. 北京：科学出版社．